飞行技术专业系列教材

航空活塞动力装置

第 2 版

主编　李卫东　侯甲栋

西南交通大学出版社
·成　都·

内 容 提 要

本书是根据中国民航 CCAR – 61 部对私人飞行员和商用飞行员的要求，以及中国民用航空局飞行标准司 2015 年年底下发的《私用驾驶员执照理论考试大纲》和 2016 年年初下发的《商用驾驶员执照理论考试大纲》的相关内容，参照国内外同类院校相关课程的要求编写的。本书阐述了有关航空动力装置的基础知识、航空活塞发动机的基本组成及工作、航空活塞动力装置的工作系统、螺旋桨和航空活塞发动机的性能。

本书可作为民航飞行技术专业学生教材，也可作为希望获取私人飞行员和商用飞行员执照人员的参考书，以及民航其他专业工程技术人员的参考书。

图书在版编目（ＣＩＰ）数据

航空活塞动力装置 / 李卫东，侯甲栋主编. —2 版.
—成都：西南交通大学出版社，2016.7（2024.1 重印）
飞行技术专业系列教材
ISBN 978-7-5643-4805-2

Ⅰ. ①航… Ⅱ. ①李… ②侯… Ⅲ. ①航空发动机 –
活塞式发动机 – 教材 Ⅳ. ①V234

中国版本图书馆 CIP 数据核字（2016）第 165419 号

飞行技术专业系列教材

航空活塞动力装置
　　第 2 版

主编　李卫东　　侯甲栋

责 任 编 辑	孟苏成	
封 面 设 计	刘海东	
出 版 发 行	西南交通大学出版社 （四川省成都市二环路北一段 111 号 西南交通大学创新大厦 21 楼）	
发 行 部 电 话	028-87600564　　028-87600533	
邮 政 编 码	610031	
网　　　　址	http://www.xnjdcbs.com	
印　　　　刷	四川森林印务有限责任公司	
成 品 尺 寸	185 mm × 260 mm	
印　　　　张	9.5	
字　　　　数	211 千	
版　　　　次	2016 年 7 月第 2 版	
印　　　　次	2024 年 02 月第 20 次	
书　　　　号	ISBN 978-7-5643-4805-2	
定　　　　价	32.00 元	

总　序

　　民航是现代综合交通运输体系的有机组成部分，以其安全、快捷、通达、舒适等独特优势确立了独立的产业地位。同时，民航在国家参与经济全球化、推动老少边穷地区发展、维护国家统一和民族团结、保障国防和经济安全、加强与世界不同文明沟通、催生相关领域科技创新等方面都发挥着难以估量的作用。因此，民航业已成为国家经济社会发展的战略性先导性产业，其发达程度直接体现了国家的综合实力和现代化水平。

　　自改革开放以来，我国民航业快速发展，行业规模不断扩大，服务能力逐步提升，安全水平显著提高，为我国改革开放和社会主义现代化建设做出了突出贡献。可以说，我国已经成为名副其实的民航大国。站在新的历史起点上，在 2008 年的全国民航工作会议上，民航局提出了全面推进建设民航强国的战略构想，拉开了我国由民航大国迈向民航强国的序幕。

　　要实现民航大国向民航强国的转变，人才储备是最基本的先决条件。长期以来，我国民航业发展的基本矛盾是供给能力难以满足快速增长的市场需求。而其深层次的原因之一，便是人力资源的短缺，尤其是飞行、空管和机务等专业技术人员结构不合理，缺乏高级技术、管理和安全监管人才。有鉴于此，国务院在《关于促进民航业发展的若干意见》中明确指出，要强化科教和人才支撑，要实施重大人才工程，加大飞行、机务、空管等紧缺专业人才的培养力度。

　　正是在这样的大背景下，作为世界上最大的航空训练机构，作为中国民航培养飞行员和空中交通管制员的主力院校，中国民航飞行学院以中国民航可持续发展为己任，勇挑历史重担，结合自身的办学特色，整合优势资源，组织编写了这套"飞行技术专业系列教材"，以解当下民航专业人才培养的燃眉之急。在这套教材的规划、组织和编写过程中，教材建设团队全面贯彻落实《国家中长期教育改革和发展规划纲要（2010—2020年）》，以培养适应民航业岗位需要的、具有"工匠精神"的应用型高素质人才为目标，创新人才培养模式，突出民航院校办学特色，坚持"以飞为主，协调发展"的方针，深化"产教融合、校企合作"，强化学生实践能力培养。同时，教材建设团队积极推进课程内容改革，在优化专业课程内容的基础上，加强包括职业道德、民航文化在内的人文素养教育。

由中国民航飞行学院编写的这套教材，高度契合民航局颁布的飞行员执照理论考试大纲及知识点要求，对相应的内容体系进行了完善，从而满足了民航专业人才培养的新要求。可以说，本系列教材的出版恰逢其时，是一场不折不扣的"及时雨"。

由于飞行技术专业涉及的知识点多，知识更新速度快，因此教材的编写是一项极其艰巨的任务。但令人欣喜的是，中国民航飞行学院的教师们凭借严谨的工作作风、深厚的学术造诣以及坚韧的精神品质，出色地完成了这一任务。尽管这套教材在模式创新方面尚存在瑕疵，但仍不失为当前民航人才培养领域的优秀教材，值得大力推广。我们相信，这套教材的出版必将为我国民航人才的培养做出贡献，为我国民航事业的发展做出贡献！

是为序。

中国民航飞行学院教材
编写委员会
2016 年 7 月 1 日

再版前言

本书是按照飞行技术专业的培养目标，根据中国民航 CCAR – 61 部对私人飞行员和商用飞行员的要求，以及中国民用航空局飞行标准司 2015 年年底下发的《私用驾驶员执照理论考试大纲》和 2016 年年初下发的《商用驾驶员执照理论考试大纲》的相关内容，并参照了国内外同类院校相关课程教学要求后编写而成。

由于新的大纲对知识点要求的变化，本书在第 1 版的基础上，对某些章节的内容进行了优化、重组、修改和更新。具体修订如下：在第二章增加了第四节"增压式发动机"；将"螺旋桨"单独编写为第四章；将"航空活塞发动机的性能"调整为第五章。同时，对某些章节的内容进行了一定程度的补充和完善。在编写中，着重阐明基本概念，突出飞行实际使用，结合典型实例分析，树立安全意识，尽量避免烦琐的数学公式推导，力求反映当前国内外航空活塞动力装置的实际情况和先进水平。

希望通过本教材的学习，能使读者了解航空活塞动力装置的基本组成及工作，理解发动机的主要性能，掌握发动机基本的使用方法。本书适合作为民航飞行技术专业学生的教材，也可作为希望获取私人飞行员执照和商用飞行员执照人员的参考书，以及民航其他专业工程技术人员的参考书。

本书第一版由中国民航飞行学院赵廷渝教授编著。第二版绪论及第一、三章由中国民航飞行学院李卫东教授编写，第二、四、五章由中国民航飞行学院侯甲栋副教授编写。全书由李卫东教授统稿，付尧明教授审阅了全稿，赵廷渝教授在本书第二版的编写过程中提出了很多宝贵意见和修改建议，飞行器动力工程教研室的教师对本书的编写和订正提供了大量帮助，在此一并致谢。

限于作者的理论水平和实践经验，书中难免有不少疏漏和不当之处，欢迎读者批评指正。

作　者
2023 年 6 月于中国民航飞行学院

主 要 符 号

A	截面面积	H_{eq}	有效桨距
a	音速	hp	马力
at	工程大气压	PSI	磅力/平方英寸
atm	标准大气压	q_1	加给单位工质的热量
Bhp	制动马力	q_2	单位工质散发到大气的热量
c	流速	$q_混$	单位混合气的放热量
C	油气比	R	气体常数
CHT	气缸头温度	RPM	转/分（r/min）
EGT	排气温度	SFC	燃油消耗率
$G_充$	充填量	T	绝对温度
i	减速比	T^*	总温
k	气体的绝热系数	v	比容（比体积）
kgf	千克力	α	余气系数，桨叶迎角
kn	节（n mile/h）	γ	比重
$L_理$	理论空气量	ε	气缸压缩比
Ma	马赫数	η_e	有效效率
$\dot{m}$	质量流量	$\eta_热$	热效率
N_e	发动机有效功率	θ	提前点火角
n	转速	ρ	密度
p^*	总压	φ	桨叶角
p_m	进气压力	η_p	螺旋桨效率
H	几何桨距	R	螺旋桨桨叶空气动力

目　录

绪　论 ………………………………………………………………………… 1

　　一、热机和航空发动机 ………………………………………………… 1

　　二、飞机对航空活塞发动机的基本性能要求 ………………………… 3

　　复习思考题 ……………………………………………………………… 4

第一章　航空动力装置的基础知识 ……………………………………… 5

　第一节　气体、气流的基本知识 ………………………………………… 5

　　一、气体的基本知识 …………………………………………………… 5

　　二、气流的基本知识 …………………………………………………… 10

　第二节　燃烧的基本知识 ………………………………………………… 16

　　一、燃烧反应 …………………………………………………………… 16

　　二、火焰的传播 ………………………………………………………… 18

　第三节　奥托循环及热力学第二定律 …………………………………… 23

　　一、奥托循环 …………………………………………………………… 23

　　二、热力学第二定律 …………………………………………………… 24

　　复习思考题 ……………………………………………………………… 27

第二章　航空活塞发动机的组成及工作 ……………………………… 28

　第一节　航空活塞发动机概述 …………………………………………… 28

　　一、航空活塞发动机的类型 …………………………………………… 28

　　二、航空活塞发动机的基本组成 ……………………………………… 30

　　三、航空活塞发动机的基本工作 ……………………………………… 34

　第二节　发动机的进、排气过程和压缩过程 …………………………… 36

　　一、进气过程 …………………………………………………………… 36

　　二、排气过程 …………………………………………………………… 40

　　三、压缩过程 …………………………………………………………… 41

　第三节　燃烧过程 ………………………………………………………… 42

　　一、正常燃烧过程 ……………………………………………………… 42

　　二、混合气的不正常燃烧 ……………………………………………… 49

第四节 增压式发动机 ·· 56

  一、机械增压 ·· 56

  二、废气涡轮增压 ·· 58

  三、两种增压系统的比较 ·· 58

  四、混合增压 ·· 59

  复习思考题 ·· 61

第三章 航空活塞式动力装置的工作系统 ·· 63

第一节 燃油系统 ·· 63

  一、燃油系统的组成和工作 ·· 63

  二、直接喷射式燃油调节器的工作 ·· 65

  三、汽化器的工作 ·· 67

  四、燃油管理 ·· 71

第二节 滑油系统 ·· 74

  一、发动机机件的润滑方式 ·· 75

  二、滑油系统的基本组成和工作 ·· 76

  三、滑油系统的监控 ·· 77

第三节 散热系统 ·· 78

  一、发动机散热的必要性 ·· 78

  二、散热系统的组成和工作 ·· 79

  三、气缸头温度的影响因素及调节 ·· 80

第四节 点火系统 ·· 82

  一、点火系统的组成和工作 ·· 82

  二、磁电机的工作 ·· 83

  三、起动时高压电的产生 ·· 87

  四、电嘴的工作 ·· 89

第五节 起动系统 ·· 90

  一、起动系统的基本组成和工作 ·· 91

  二、发动机的起动过程 ·· 92

  三、发动机试车 ·· 95

  复习思考题 ·· 97

第四章 螺旋桨 ·· 98

第一节 螺旋桨原理 ·· 98

  一、螺旋桨的基本知识 ·· 98

  二、桨距与滑流 ·· 99

  三、螺旋桨拉力 ·· 100

  四、螺旋桨的性能参数 ·· 100

第二节 螺旋桨分类与结构 ……………………………… 101
一、螺旋桨分类 ……………………………………… 101
二、螺旋桨结构 ……………………………………… 103
第三节 螺旋桨变距 …………………………………… 103
一、螺旋桨变距的目的 ……………………………… 103
二、变距力矩 ………………………………………… 104
三、变距情形 ………………………………………… 104
四、螺旋桨的顺桨、回桨和反桨 …………………… 105
五、调速器 …………………………………………… 106
第四节 螺旋桨的不正常工作 ………………………… 109
一、螺旋桨超转 ……………………………………… 109
二、螺旋桨振动 ……………………………………… 109
三、风车状态 ………………………………………… 110
复习思考题 …………………………………………… 111

第五章 航空活塞发动机的性能 …………………………… 113
第一节 发动机的主要性能指标 ……………………… 113
一、有效功率 ………………………………………… 113
二、燃油消耗率 ……………………………………… 116
三、发动机的加速性 ………………………………… 117
四、发动机效率 ……………………………………… 118
第二节 发动机的使用性能 …………………………… 119
一、高度对发动机性能影响 ………………………… 119
二、发动机的综合性能曲线 ………………………… 122
三、发动机常见的工作状态 ………………………… 125
四、发动机的功率设置 ……………………………… 127
复习思考题 …………………………………………… 130

中英文对照表 …………………………………………… 131

参考文献 ………………………………………………… 140

绪　　论

　　人类自古以来就怀有自由飞行的梦想。在社会生产力水平极其低下的年代，人们只能靠编织许多美丽的神话和传说来圆自己的飞行梦想。然而人类从未停止对飞行的执着探索和勇敢尝试，在中世纪的欧洲有人试图模仿鸟的飞行，虽最终都以失败告终，但却给后人留下了宝贵的经验。随着人们对空气动力学的认识不断加深，到19世纪初，英国人G·凯利提出了：动力飞行必须依赖一种质量轻、推进力大的动力装置。

　　1883年，汽油内燃机（活塞发动机）的问世，使人类实现自由飞行成为可能。1903年12月17日，美国的莱特兄弟成功地驾驶"飞行者1号"，实现了人类第一次持续的、有动力的、可操纵的飞行，开创了现代航空的新纪元。1909年9月21日，我国最早的飞行家冯如也研制出飞机并试飞成功。两次世界大战大大刺激了航空科学技术的发展，飞机的性能得到极大的提高和完善，飞行变得更加安全和舒适，飞机已广泛用在军事、航空运输等人们生活的各个方面。可以说，航空是20世纪发展最迅速，对人类社会进步影响最大的科学技术领域之一。

　　从航空发展的历史可以看出航空发动机在航空发展和飞行安全中的地位和作用。在讲授发动机的工作以前，我们先介绍有关发动机的几个基本概念。

一、热机和航空发动机

　　发动机是一种将某种能量转换成机械功的动力装置。根据能量的来源不同可分为：热力发动机；水利发动机；电力发动机；原子能发动机等。热力发动机是将燃料的热能转换成机械功的动力装置；水利发动机是将重力势能转换成机械功的动力装置；电力发动机是将电能转换成机械功的动力装置；原子能发动机是将原子能转换成机械能的动力装置。

　　热机的工作由两大步骤组成：首先必须将燃料燃烧释放出热能，再将释放出的热能转换成机械功。所以，根据热机燃料的燃烧方式，热机又分为外燃机（即蒸汽机）和内燃机。外燃机工作时燃料在气缸外部燃烧，燃料与工质气体不混合参与做功，如图0.1所示；内燃机工作时燃料在气缸内部燃烧，燃料与工质气体混合参与做功，如图0.2所示。外燃机体积大，结构笨重，热利用率极低，根本无法用在飞机上。

　　航空发动机是一种将燃料的热能转换成机械功的动力装置，属于热机范畴。只是因用在飞机上，其性能要求更高，必须满足飞机对动力装置的要求。目前，航空发动机分为两大类型：航空活塞发动机和航空喷气发动机。

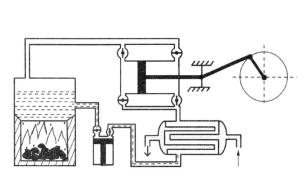

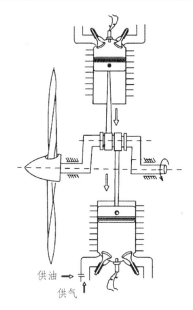

图 0.1　外燃机　　　　　　　　　　图 0.2　航空活塞发动机

　　航空活塞发动机是一种四行程（或二行程）、电嘴点火、往复式汽油内燃机，如图 0.2 所示。从 1903 年第一架飞机升空到第二次世界大战末期，所有飞机都用活塞发动机作为动力装置。航空活塞发动机工作时，气缸内燃料释放出的热能通过曲轴输出扭矩，带动螺旋桨转动，产生推进力。所以，航空活塞发动机必须依赖螺旋桨作为推进器。航空活塞发动机具有低速经济性好，工作稳定性好的优点；但也存在重量功率比大，高空性能、速度性能差的缺点，故航空活塞发动机常用在轻型低速飞机上。目前航空活塞发动机主要以航空汽油为燃料，某些特殊型号的航空活塞发动机也使用航空煤油作为燃料，本书主要讲解以航空汽油为燃料的航空活塞发动机的工作原理。

　　航空喷气发动机是将燃料在燃烧室内连续燃烧释放出的热能转换成气体动能，从发动机高速喷出，产生推进力的动力装置，以航空煤油为燃料，如图 0.3 所示。它可不依赖螺旋桨直接产生推力。喷气发动机在第二次世界大战以后，得到迅速发展。目前在航空领域，各种类型的喷气发动机占据着统治地位。喷气发动机种类较多，性能也各有千秋，较航空活塞发动机而言具有重量轻，推力大，高空性能、速度性能好的优点；但也存在经济性较差的缺点。

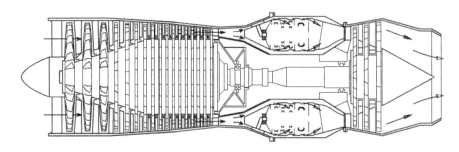

图 0.3　航空喷气发动机

二、飞机对航空活塞发动机的基本性能要求

由于发动机的工作对飞机的性能、飞行安全和效益起着决定性作用，而且初教机大多为单发飞机，同时学员初学飞行，动作不免粗猛。所以航空活塞发动机应满足下列基本性能要求：

1. 发动机重量功率比小

在发动机重量一定时，发动机发出的功率越大，飞机的起飞、复飞及爬升性能越好；同样，在发动机功率一定时，发动机重量越轻，飞机的飞行性能也越好。通常以发动机的重量与功率之比来衡量发动机的轻重，比值越小，表明发动机产生 1 马力的功率所负担的自身重量越小，发动机就越轻。

目前，航空活塞发动机的重量功率比一般在 0.5 ~ 1.2 kgf/hp，某些性能优良的发动机，此值可降到 0.3 ~ 0.35 kgf/hp。

2. 发动机燃油消耗率低

发动机燃油消耗率用来衡量发动机的经济性。在一定的飞行条件下，发动机燃油消耗率越低，运行成本越低，经济性越好；同时飞机的续航时间也越长。

发动机燃油消耗率的定义是：发动机在单位时间产生单位功率所消耗的燃油量。发动机的经济性是以发动机每发出 1 hp 的功率，在 1 h 内所消耗的燃油量多少来衡量的。目前，航空活塞发动机的燃油消耗率一般在 0.18 ~ 0.38 kgf/（hp·h）。

3. 发动机尺寸要小

发动机的尺寸主要是指发动机的迎风面积和长度，减小发动机尺寸尤其是迎风面积可有效减小飞行阻力，减轻发动机重量。

4. 发动机可靠性要好

发动机可靠性是指在各种气象条件和飞行条件下，发动机稳定、安全工作的品质。描述发动机可靠性的参数是空中停车率，空中停车率 = 发动机空中停车数/每千飞行小时。需要指出的是，对于最初投入使用的新发动机和接近翻修寿命的发动机，其工作的可靠性较差。

5. 发动机的使用寿命要长

发动机寿命有翻修寿命和总寿命之分。翻修寿命是发动机制造厂商规定的从发动机出厂到第一次翻修或两次翻修间的使用期限，总寿命是指发动机经若干次翻修后停止使用时的使用期限。发动机寿命的计算是以记录发动机实际运行时间和发动机热循环次数为基础，以先到的参数为准。当然，在发动机寿命内，若使用或维护不当也可能引起发动机提前翻修。所以，在实际使用中发动机的使用寿命与发动机的正确使用密切相关，正确使用发动机不仅可以有效延长发动机的使用寿命，还可降低发动机的使用成本。

6. 发动机要便于维护

在实际飞行中，发动机维护性的好坏直接影响飞行的正常及维护成本。要使发动机便于维护，降低维护成本，对发动机的设计、制造都有相应要求，如发动机的安装位置，零部件的通用性及可更换性，零部件的快速拆卸及安装等。

从以上条件可以看出，发动机要同时达到以上指标是极其困难的，有的甚至是相互矛盾的。如要提高发动机可靠性必然会使发动机的结构更为复杂，使发动机重量、结构尺寸增加等。发动机制造商通常针对具体飞机发动机的特点，作适当的取舍和侧重，从而使发动机的综合性能得到优化。

作为用在轻型低速飞机上的航空活塞发动机，在增大功率、减轻重量、提高可靠性、减低耗油率等方面还有一定的潜力。

本书分为 5 章，分别介绍航空发动机的基础知识；航空活塞发动机的基本组成及工作；航空活塞发动机的工作系统；螺旋桨；航空活塞发动机的性能。"航空活塞动力装置"这门课程是飞行技术专业的必修课，通过该课程的学习，为学员取得私人飞行员执照、商用飞行员执照奠定基础；同时为今后取得航线运输驾驶执照及从事航线运输飞行打下必要的理论基础。学习本书内容，应注重理论联系实际，突出安全意识。本书以确保发动机安全工作，正确使用和操纵发动机，充分发挥发动机性能，满足飞机飞行性能要求为知识主线，贯穿各知识点。学习本课程内容后，应达到下列基本要求：理解有关航空发动机的基础知识；理解航空活塞动力装置的基本组成及工作；熟悉发动机性能及大气条件对性能的影响；熟悉发动机常见的不正常工作的原因、现象及危害，掌握预防及处置措施；理解发动机常见仪表指示参数的意义。

复习思考题

1. 简述航空活塞发动机的发展历程。
2. 什么是热机？航空发动机分为哪两大类型？各有何特点？
3. 飞机对航空活塞发动机的要求有哪些？
4. 本课程的学习要求是什么？

第一章　航空动力装置的基础知识

本章将分别简要介绍与航空发动机工作有关的工程热力学、气体动力学及燃烧的基础知识，凡相邻学科已讲授的内容，本书将不再重复。学生应理解有关概念的物理意义，为今后更好地理解航空发动机的工作及性能、正确使用发动机奠定必要的理论基础。

第一节　气体、气流的基本知识

一、气体的基本知识

1. 工　质

航空发动机是一种热力发动机，热机工作时，必须以某种物质为媒介，才能将热能转换成机械能，完成这种能量转换的媒介物叫工质。在物质三态中，由于气体分子具有运动速度最快、分子间间隙最大、分子间吸引力最小这些特点，决定了气体具有良好的膨胀性、压缩性和流动性，易于实现能量转换。所以，航空发动机都选择气体作为工质。

2. 理想气体

分子本身只有质量而不占有体积，分子间不存在吸引力的气体叫理想气体。理想气体是为了便于分析，从实际气体中抽象出来的假想气体。发动机实际工作中的工质气体在发动机工作的温度和压力范围内，性质与理想气体非常接近。所以，我们将航空发动机的工质气体都作为理想气体来处理。

3. 气体的状态参数

描述气体状态的物理量叫气体的状态参数。最常见的有气体的比容（比体积）、压力和温度。气体的比容的定义是：单位质量的气体所占有的容积，以符号 v 表示。即

$$v = \frac{V}{m} \tag{1-1}$$

比容的标准单位是 m^3/kg。气体的比容是描述气体分子疏密程度的物理量，气体的比重、密度也是描述气体分子疏密程度的物理量。对一定质量的气体，当其容积变大时，

比容增大，气体膨胀，气体对外做功；反之，当其容积变小时，比容减小，气体被压缩，外界对气体做功。所以，从气体比容的变化可以看出气体做功的情形，对气体而言，比容较密度和比重更常见。

在标准大气条件下，海平面上空气的比容为 0.816 m³/kg，比重为 1.225 6 kgf/m³；高度为 11 000 m（36 089 ft）时，空气的比容为 2.746 m³/kg，比重为 0.364 kgf/m³。当飞行高度升高时，大气比重减小。

气体的温度描述了气体的冷热程度，是分子热运动平均移动功能的度量。温度的分度方法叫温标。常用的温标有摄氏温标、华氏温标和绝对温标 3 种。

摄氏温标规定：在一个物理大气压下，纯水结冰时的温度（冰点）为 0 摄氏度，沸腾时的温度（沸点）为 100 摄氏度，中间分为 100 等分，每等分代表 1 摄氏度。摄氏温标单位的代号是 °C，例如 20 摄氏度可记作 20 °C。摄氏温标由瑞典人摄尔修斯（Celsius）创立，是日常生活中使用最广泛的温标，发动机的滑油温度、气缸头温度和排气温度等的度量常采用摄氏温标。

华氏温标规定：在一个物理大气压下，纯水结冰时的温度（冰点）为 32 华氏度，沸腾时的温度（沸点）为 212 华氏度，中间分为 180 等分，每等分代表 1 华氏度。华氏温标单位的代号是 °F，例如 50 华氏度可记作 50 °F。华氏温度与摄氏温度的换算关系为

$$F = \frac{9}{5}t + 32 \tag{1-2}$$

$$t = \frac{5}{9}(F - 32) \tag{1-3}$$

式中　F——华氏温度（°F）；

　　　t——摄氏温度（°C）。

华氏温度由德国人 Fahrenheit 创立，由于创立较早，在西方国家使用较为广泛。美、英制发动机的滑油温度、气缸头温度等的度量常采用华氏温标。

热力学温度是以理想气体分子完全停止热运动时的温度为绝对零度，每度大小与摄氏温标相同，热力学温度单位的代号是 K。根据理论研究结果表明：0 K 相当于摄氏零下 273.16 摄氏度（在实际计算中常取 – 273 °C）。所以，绝对温标与摄氏温标的换算关系为

$$T = t + 273 \tag{1-4}$$

式中　T——热力学温度（K）；

　　　t——摄氏温度（°C）。

热力学温度由英国人 Kelvin 创立 ，主要用于热力学计算，故称为热力学温度。3 种温标的关系如图 1.1 所示。

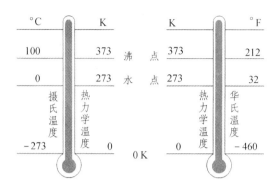

图 1.1　3 种温标

例如，摄氏温度 $t = 15\ ℃$ 时，代入公式（1-2）、（1-4），可计算出对应的华氏温度 $F = 59\ ℉$，热力学温度 $T = 288\ K$。

华氏温度 $F = 100\ ℉$ 时，代入公式（1-3）、（1-4），可计算出对应的摄氏温度 $t = 37.78\ ℃$，热力学温度 $T = 310.78\ K$。

气体的压力是垂直作用在壁面单位面积上的力，是气体分子碰撞器壁的结果，以符号 p 表示。国际单位制中的标准单位是 Pa（N/m^2）。为了便于测量和使用，在实际应用中还常用以下压力单位：

百帕（hPa）：1 hPa = 100 Pa = 1 mbar*（1 bar = 10^5 Pa）

千帕（kPa）：1 kPa = 1 000 Pa

工程大气压（at）：1 at = 1 kgf/cm^2 = 98 066.5 Pa

工程大气压广泛用在液体压力的测量仪表中，发动机滑油、燃油压力常用此单位。

标准大气压（atm）：温度为 15 ℃ 时，海平面上空气的平均压力，1 atm = 1.033 at。

PSI：1 PSI = 1 lbf/in^2 ≈ 0.07 kgf/cm^2 = 6 894.8 Pa；1 kgf/cm^2 ≈ 14.3 PSI。

PSI 在美、英制发动机中广泛用在测量液体压力的仪表中，发动机滑油、燃油压力常用此单位。

毫米（或英寸）汞柱：1 毫米（或英寸）汞柱的压力等于高为 1 毫米（或英寸）汞柱的重力对其底部所产生的压力，如图 1.2 所示。航空活塞发动机的进气压力常用此单位。

1 标准大气压 = 760 毫米汞柱（29.92 英寸汞柱）= 1 013 hPa

压力的测量可用装有某种液体（如汞）的弯管来测量，如图 1.3 所示。

---

　* bar——非法定计量单位，1 bar = 100 kPa。

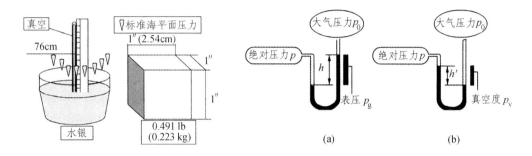

图 1.2　大气压力测量图　　　　　　　图 1.3　表压及真空度

在图 1.3（a）中，容器内的压力高于大气压力，汞柱高度（h）即代表容器内压力高于大气压力的数值，这个压力叫作表压力，用 p_g 表示。为了区别表压力，将容器内的压力叫作绝对压力。所以，绝对压力与表压力的关系为

$$p = p_g + p_0 \tag{1-5}$$

式中　p——绝对压力；

　　　p_g——表压力；

　　　p_0——大气压力。

发动机的滑油压力、燃油压力等液体压力测量的都是表压。

如果容器内的压力低于大气压力，弯管内的汞柱就如图 1.3（b）所示。汞柱高度（h）代表容器内压力低于大气压力的数值，这个压力叫作真空度，用 p_v 表示。容器内的绝对压力与真空度的关系为

$$p_v = p_0 - p \tag{1-6}$$

在热力计算中，都必须使用绝对压力。

4. 气体的状态方程

气体的比容 v、温度 T、压力 p 从不同侧面反应气体的性质，根据气体分子运动理论，它们之间相互的联系可由状态方程表示，即

$$pv = RT \tag{1-7}$$

式中　p——气体的绝对压力（N/m^2）；

　　　v——气体的比容（m^3/kg）；

　　　T——气体的热力学温度（K）；

　　　R——气体常数[$J/(kg \cdot K)$]。

常见气体的气体常数 R 数值如表 1.1 所示。

表 1.1　常见气体的气体常数 R 的数值

气体	$R/[\text{J}/(\text{kg} \cdot \text{K})]$	气体	$R/[\text{J}/(\text{kg} \cdot \text{K})]$
氧	26.00	氮	297.20
氢	4 158.88	一氧化碳	297.20
空气	287.10	二氧化碳	189.31

　　所以，根据状态方程，气体状态参数 p、v、T 中，只有两个参数是独立的，已知任意两个参数，就可求出第三个。在热力学中常用压力和比容作为独立参数，并将气体的状态通过 p-v（压容）图的形式表示出来，如图 1.4 所示。p-v 图上每一个点表示气体的一个状态，当气体的状态发生变化时，把变化过程中每一瞬间的状态都在压容图上用点表示出来，就得到一条曲线。所以压容图上的一条曲线，就表示气体状态的一个变化过程。

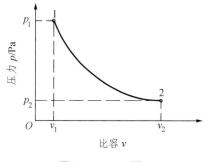

图 1.4　p-v 图

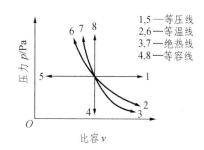

1,5—等压线
2,6—等温线
3,7—绝热线
4,8—等容线

图 1.5　特殊热力过程

5. 气体的热力过程

　　气体理想的热力过程有：等容过程、等压过程、等温过程和绝热过程。这些理想热力过程的 p-v 图如图 1.5 所示。等容过程是比容不变的热力过程，航空活塞发动机的燃烧过程就是近似的等容过程；等压过程是压力不变的热力过程，航空燃气涡轮发动机的燃烧过程就是近似的等压过程；等温过程是温度不变的热力过程；绝热过程是气体与外界没有热交换的热力过程，航空活塞发动机和航空燃气涡轮发动机的压缩和膨胀过程就是近似的绝热过程。经理论推导，在绝热条件下，气体的压力和比容满足下列关系

$$pv^k = 常数 \tag{1-8}$$

式中　k——气体绝热指数。对空气，$k = 1.4$；对燃气，$k = 1.330$。

　　绝热过程，气体参数间的关系经推导为

$$\frac{p_2}{p_1} = \left(\frac{v_1}{v_2}\right)^k \tag{1-9}$$

$$\frac{T_2}{T_1} = \left(\frac{v_1}{v_2}\right)^{k-1} \tag{1-10}$$

$$\frac{T_2}{T_1} = \left(\frac{p_2}{p_1}\right)^{\frac{k-1}{k}} \tag{1-11}$$

二、气流的基本知识

1．稳定流动与流体的连续性

稳定流动是指流体在空间各点的流动参数（如 p、T、c 等）不随时间变化的流动，也叫定常流动，如图 1.6 所示的河水的稳定流动。发动机稳定工作时，流过发动机的气体的流动，都接近于稳定流动。

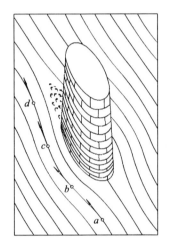

图 1.6   河水流过桥墩的情形

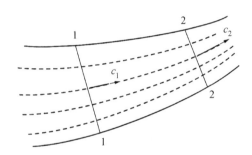

图 1.7   气体在管道内的稳定流动

如图 1.7 所示，流体在管道内流动，在管道内任意取两个截面 1-1 和 2-2，流体流量定义为单位时间内流过某截面的流体质量，用 $\dot{m}$ 表示。

用公式表述，即

$$\dot{m} = \rho c A \tag{1-12}$$

式中 ρ——管道截面积处流体的密度；

      c——垂直于管道截面积的流体速度；

      A——管道的横截面面积。

根据质量守恒定律，对于定常流动，单位时间内流进 1-1 截面的流体质量必然等于单位时间内流出 2-2 截面的流体质量，即

$$\dot{m}_1 = \dot{m}_2 \tag{1-13}$$

对于不可压流（如液体），流体的密度为常数，则有

$$c_1 A_1 = c_2 A_2 = 常数 \tag{1-14}$$

所以，截面面积小处流体的流速快，截面面积大处流体的流速慢。

2. 音速和马赫数

音速是弱扰动波在介质中的传播速度，用 a 表示。例如摇铜铃时，由铜铃引起的弱扰动的传播如图 1.8 所示。经理论推导

$$a = \sqrt{\frac{\Delta p}{\Delta \rho}} \tag{1-15}$$

式中　Δp ——受扰动后引起的介质压力微变量；

　　　$\Delta \rho$ ——受扰动后引起的介质密度微变量。

由此可见，音速描述了介质的压缩性，a 越大，说明介质受压后，其密度变化小，介质不易压缩；a 越小，说明介质受压后，其密度变化大，介质易压缩。例如，常温下，声音在水中的传播速度为 1 450 m/s，在空气中传播的速度只有 340 m/s，这是因为水不易压缩，而空气较易压缩之故。对气体介质，经推导

$$a = \sqrt{kRT} \tag{1-16}$$

式中，各符号含义同前。

图 1.8　铜铃振动引起的扰动的传播

对空气介质，则进一步简化为

$$a = 20\sqrt{T} \tag{1-17}$$

由此可见，对于一定的气体，其音速只与介质温度有关，当温度升高时，音速也升高，介质压缩性变差；相反，当温度降低时，音速也降低，介质压缩性变好。所以，热空气不易压缩。如在海平面，当空气温度为 288 K 时（15 ℃），音速值为 340 m/s（1 224 km/h）；当在 11 000 m 高空，大气温度降为 216.5 K（–56.5 ℃），音速值减小为 295 m/s（1 065.6 m/h）。

国际标准大气的温度、压力和音速值如表 1.2 所示。

表 1.2　国际标准大气的温度、压力、音速值

ALTITUDE (h)		AMBIENT TEMPERATURE (T)			AMBIENT PRESSURE (p_0)		SPEED OF SOUND (a)		
ft	m	K	°C	°F	1bf/in^2	mbar	ft/s	kn	m/s
− 1 000	− 304.8	290.13	+ 16.98	62.6	15.24	1 050.4	1 120.3	663.3	341.5
0	0	288.15	15.00	59.0	14.69	1 013.2	1 116.6	661.1	340.3
+ 1 000	+ 304.8	286.17	13.02	55.4	14.17	977.1	1 112.6	658.8	339.1
2 000	609.6	284.19	11.04	51.9	13.66	942.1	1 108.7	656.5	337.9
3 000	914.4	282.21	9.06	48.3	13.17	908.1	1 104.9	654.2	336.8
4 000	1 219.2	280.23	7.08	44.7	12.69	875.1	1 100.9	651.9	335.6
5 000	1 524.0	278.24	5.09	41.2	12.23	843.0	1 097.1	649.6	334.4
6 000	1 828.8	276.26	3.11	37.6	11.78	811.9	1 093.2	647.8	333.2
7 000	2 133.6	274.28	1.13	34.0	11.34	781.8	1 089.3	644.9	332.0
8 000	2 438.4	272.30	− 0.85	30.5	10.92	752.6	1 085.3	642.6	330.8
9 000	2 743.2	270.32	− 2.83	26.9	10.51	724.3	1 081.4	640.3	329.6
10 000	3 048.0	268.34	− 4.81	23.3	10.11	698.8	1 077.4	637.9	328.4
11 000	3 352.8	266.36	− 6.79	19.8	9.72	670.2	1 073.4	635.6	327.2
12 000	3 657.6	264.38	− 8.77	16.2	9.35	644.4	1 069.4	633.2	325.9
13 000	3 962.4	262.39	− 10.76	12.6	8.98	619.4	1 065.4	630.8	324.7
14 000	4 267.2	260.41	− 12.74	9.1	8.63	595.2	1 061.4	628.4	323.5
15 000	4 572.0	258.43	− 14.72	5.5	8.29	571.7	1 057.3	626.0	322.3
16 000	4 876.8	256.45	− 16.70	1.9	7.97	549.1	1 053.3	623.6	321.1
17 000	5 181.6	254.47	− 18.68	− 1.6	7.65	527.2	1 049.2	621.2	319.8
18 000	5 486.4	252.49	− 20.66	− 5.2	7.34	505.9	1 045.1	618.8	318.5
19 000	5 791.2	250.51	− 22.64	− 8.8	7.04	485.6	1 040.9	616.4	317.3
20 000	6 096.0	248.53	− 24.62	− 12.3	6.75	465.6	1 036.9	613.9	316.1
21 000	6 400.8	246.54	− 26.61	− 15.9	6.48	446.4	1 032.7	611.5	314.8
22 000	6 705.6	244.56	− 28.59	− 19.5	6.21	427.9	1 028.6	609.0	313.5
23 000	7 010.4	242.58	− 30.57	− 23.0	5.95	409.9	1 024.4	606.5	312.2
24 000	7 315.2	240.60	− 32.55	− 26.6	5.69	392.7	1 020.2	604.1	310.9
25 000	7 620.2	238.62	− 34.53	− 30.2	5.45	375.9	1 015.9	601.6	309.7
26 000	7 924.8	236.64	− 36.51	− 33.7	5.22	359.9	1 011.8	599.1	308.4
27 000	8 229.6	234.66	− 38.49	− 37.3	4.99	344.3	1 007.5	596.6	307.1
28 000	8 534.4	232.68	− 40.47	− 40.9	4.78	329.3	1 003.2	594.0	305.8
29 000	8 839.2	230.69	− 42.46	− 44.4	4.57	314.8	998.9	591.5	304.5
30 000	9 144.0	228.71	− 44.44	− 48.0	4.36	300.9	994.7	588.9	303.2
31 000	9 448.8	226.73	− 46.42	− 51.6	4.17	287.4	990.3	586.4	301.9
32 000	9 753.6	224.75	− 48.40	− 55.1	3.98	274.5	986.0	583.8	300.5
33 000	10 058.4	222.77	− 50.38	− 58.7	3.80	261.9	981.7	581.2	299.2
34 000	10 363.2	220.79	− 52.36	− 62.3	3.63	249.9	977.3	578.7	297.9
35 000	10 668.0	218.81	− 54.34	− 65.8	3.46	238.4	972.9	576.1	296.5
36 000	10 972.8				3.29	227.3	968.5	573.4	295.2
36 089	11 000.0	216.83	− 56.32	− 69.4	3.28	226.3	968.1	573.2	295.1
37 000	11 277.6	216.65	− 56.50	− 69.7	3.14	216.6	Speed of sound remains constant from this point up to 65 617 ft.		
38 000	11 582.4				2.99	206.5			
39 000	11 887.2	Ambient temperature remains constant from this point up to 65 617 ft.			2.85	196.8			
40 000	12 192.0				2.72	187.5			
45 000	13 716.0				2.14	147.5			
50 000	15 240.0				1.68	115.9			
55 000	16 764.0				1.32	91.2			
60 000	18 288.0				1.04	71.7			
65 000	19 812.0				0.82	56.4			

马赫数的定义是气流中任一点处的流速与该点处气流的音速的比值，即

$$Ma = \frac{c}{a} \quad\quad (1\text{-}18)$$

经理论推导，当气体与外界无能量交换且没有摩擦损失（简称绝能无摩擦流动）时，气流马赫数 Ma、气流流速 c、气体密度 ρ 的关系为

$$-Ma^2 \frac{\mathrm{d}c}{c} = \frac{\mathrm{d}\rho}{\rho} \quad\quad (1\text{-}19)$$

式中　$\mathrm{d}c$，$\mathrm{d}\rho$——某截面处气流流速 c、气体密度 ρ 的微分变量。

由此可见，当气流 Ma 较高时，将会带来因气流流速变化引起的密度变化量增大，气流压缩性变好。相反，当气流 Ma 较小时，气流压缩性变差。通常，对于 Ma 小于 0.3 的低速气流，通过上述公式可以看出，此时因气流流速变化引起的密度变化量很小，可以忽略不计，所以，通常将 Ma 小于 0.3 的低速气流当作不可压流（即：绝能无摩擦流动时，气体密度可认为不变）。通过不同气流的 Ma 大小，可以将气流分成：

$Ma < 0.3$ 时，低速气流；

Ma 在 0.3 ~ 0.8 时，亚音速气流；

Ma 在 0.8 ~ 1.2 时，跨音速气流；

$Ma > 1$ 时，超音速气流；

$Ma > 3$ 时，超高音速气流。

所以，气流的马赫数不仅可以描述一定音速下的气流速度，更重要的是可以反映气流的压缩性。

3. 气流的滞止参数

按一定的过程将气流阻滞到速度为零时气流的参数叫做滞止参数。运用滞止参数分析或计算问题比较方便，同时滞止参数也比较容易测量，所以滞止参数在发动机中得到广泛的应用。

气流绝能地阻滞到速度为零时气体的温度叫总温，用 T^* 表示，如图 1.9 所示。经理论推导，总温 T^*、静温 T 及马赫数 Ma 的关系是

$$T^* = T + \frac{k-1}{2kR}c^2 = T\left(1 + \frac{k-1}{2}Ma^2\right) \quad\quad (1\text{-}20)$$

式中　Ma——气流马赫数；

　　　其他符号含义同前。

由此可见，气流的总温等于静温 T 和动温 $\frac{k-1}{2kR}c^2$（由动能转换而成）之和。

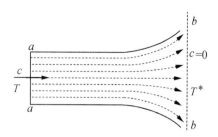

图 1.9　气流在管道绝能滞止

　　例如，飞机在飞行中，飞机的蒙皮因其附面层作用实际上承受气流总温（尤其是飞机机头和机翼前缘可直接感受气流总温），当飞行高度为 11 000 m，飞机飞行马赫数为 0.8 时，总温为 – 28 ℃；飞行马赫数增加到 3 时，总温为 333 ℃；飞行马赫数进一步增加到 5 时，总温为 1 026 ℃，这就是所说的气动加热即"热障"问题。

　　气流的总温描述了气流所具有的总能量大小，气流绝能流动时总温不变。

　　气流绝能、无摩擦地阻滞到速度为零时气体的压力叫总压，用 p^* 表示，如图 1.10 所示。经理论推导，总压 p^*、静压 p 及马赫数 Ma 的关系是：

$$p^* = p\left(1+\frac{k-1}{2}Ma^2\right)^{\frac{k}{k-1}} \tag{1-21}$$

对不可压流，可简化为

$$p^* = p+\frac{\rho c^2}{2} \tag{1-22}$$

式中　　ρ ——流体的密度；

　　　　c ——流体的流速。

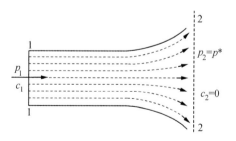

图 1.10　无摩擦气流在管道内绝能滞止

　　可以看出，不可压流的总压 p^* 等于静压 p 与动压 $\dfrac{\rho c^2}{2}$ 之和。

气流的总压描述了气流所具有的总机械能大小及气体膨胀做功的能力，气流绝能、无摩擦流动时总压不变。

气流总压和静压的测量如图 1.11 所示，在航空测量技术中，常通过总压与静压的关系来测量飞机的空速和气流流量。

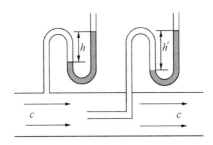

图 1.11　总压和静压的测量

气流 $Ma = 1$ 时的状态叫临界状态。此状态下，总压与静压之比为气体的临界压力比。在分析燃气涡轮发动机喷管工作时，常用此状态作为基准。

$$\frac{p^*}{p} = \left(1 + \frac{k-1}{2}\right)^{\frac{k}{k-1}}$$

（1-23）

对空气，$k = 1.4$，临界压力比 $\pi = 1.89$；

对燃气，$k = 1.33$，临界压力比 $\pi = 1.85$。

4. 管道中气流参数的变化

当气流在管道内作绝能、无摩擦流动时，经理论推导，气流流速 c 与管道截面面积 A 及马赫数 Ma 的关系为

$$\frac{\Delta A}{A} = (Ma^2 - 1)\frac{\Delta c}{c}$$

（1-24）

对于亚音速气流（$Ma < 1$），当流过收敛型管道时，随着截面面积 A 减小，流速 c 升高，同时伴随压力、温度减小；当流过扩散型管道时，截面面积 A 增大，流速 c 减小，同时伴随压力、温度升高。收敛型和扩散型管道如图 1.12 所示。

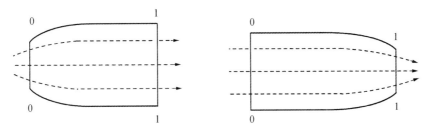

图 1.12　扩散型和收敛型管道

对于超音速气流（$Ma > 1$），当流过收敛型管道时，随着截面面积 A 减小，流速 c

也减小，同时伴随压力、温度升高；当流过扩散型管道时，截面面积 A 增大，流速 c 升高，同时伴随压力、温度减小。

由公式（1-24）可以得出，单纯的收敛型管不可能将亚音速气流加速到超音速（最多只能到音速），要将亚音速气流加速到超音速必须采用收敛-扩散型管道（也叫拉瓦尔管），如图 1.13 所示。

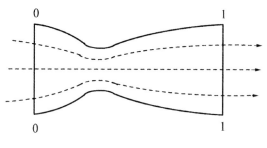

图 1.13　拉瓦尔管

第二节　燃烧的基本知识

燃烧是航空发动机最重要的热力过程之一，燃料的燃烧性能直接影响发动机的功率和经济性，甚至影响飞机飞行安全。所以，学习、理解有关燃烧的基本知识对今后掌握发动机的正确使用是非常必要的。

一、燃烧反应

1. 燃烧的实质

燃烧是物质产生发光、发热的化学反应。燃烧过程实际上是将燃料所具有的热能释放出来，燃料燃烧越完全，热能释放就越彻底，热效率就越高。燃烧产物中若再无可燃物质，这种燃烧叫完全燃烧；否则，叫作不完全燃烧。

航空发动机目前都采用航空汽油和航空煤油作燃料，用空气作氧化剂。汽油和煤油都是液态的碳氢化合物，碳氢燃料燃烧反应的本质是：空气中的氧分子与某些具有高能量的分子相碰撞，当高能分子能量足以破坏氧分子结构时，氧分子就变成了具有活化能的分子即活性分子，活性氧分子与燃料分子碰撞后，将生成一种化学性质极不稳定的叫过氧化物的物质，作为活性中心，这种过氧化物活性中心会自动繁殖，引导化学反应的产生。所以，碳氢燃料与氧的燃烧过程中，生成的过氧化物越多，化学反应速度越快，燃料燃烧得也越快。

2. 余气系数和油气比

航空发动机中，燃料首先与空气均匀混合，形成混合气，然后才进行燃烧。要使混合气中的燃料完全燃烧，混合气中油和气的比例必须适当，因为一定量的燃料只有与适量的空气混合，才能从空气中获得完全燃烧所需要的氧气。描述混合气中油和空气成分的参数有余气系数和油气比。

1 kg 燃料完全燃烧所需要的最少空气量，叫做理论空气量，用 $L_理$ 表示，单位是千克空气/千克燃料。燃料的种类不同，理论空气量的数值也不同。任何一种燃料的理论空气量都可由燃烧的化学反应式计算出来。常规大气条件下，氧气在空气中的质量含量约为 23.2%，经计算航空汽油的理论空气量为 15.1 千克空气/千克汽油；航空煤油的理论空气量为 14.7 千克空气/千克煤油。所以近似地讲，在常规大气条件下完全燃烧 1 kg 汽油或煤油所需要的最少空气量为 15 kg。

发动机实际燃烧时，混合气中空气量和燃油量都可能变化，实际同 1 kg 燃料混合燃烧的空气量叫做实际空气量，用 $L_实$ 表示。实际空气量不一定等于理论空气量。余气系数就是混合气中实际空气量与理论空气量的比值，用 α 表示，即

$$\alpha = \frac{L_实}{L_理} \tag{1-25}$$

如果混合气中，实际空气量小于理论空气量，则余气系数小于 1。混合气燃烧时，由于氧气不足，燃料富裕，燃料不能完全燃烧，这种混合气叫作富油混合气。余气系数比 1 小得越多，表示混合气越富油。

如果混合气中，实际空气量大于理论空气量，则余气系数大于 1。混合气燃烧时，由于氧气有剩余，燃料能够完全燃烧，这种混合气叫作贫油混合气。余气系数比 1 大得越多，表示混合气越贫油。

如果混合气中，实际空气量等于理论空气量，则余气系数等于 1。混合气燃烧时，燃料能够完全燃烧，氧气也没有剩余，混合气既不贫油也不富油，这种混合气，叫做理论混合气。

由此可见，余气系数的大小可以较为直观地反应混合气贫、富油程度，是影响发动机燃烧的重要物理概念。

油气比也可以描述混合气的成分，它是混合气中燃料质量与空气质量的比值，油气比用 C 表示。即

$$C = \frac{m_{燃油}}{m_{空气}} \tag{1-26}$$

式中　　$m_{燃油}$——混合气中燃油的质量；

　　　　$m_{空气}$——混合气中空气的质量。

油气比 C 与余气系数 α 的关系为：

$$C = \frac{1}{\alpha L_理} \tag{1-27}$$

油气比可以直接反应混合气中燃料与空气的比例，但不能直观反应混合气的贫、富

油程度。当油气比 $C = 0.066\ 2$ 时，相应的余气系数 $\alpha = 1.0$。

3. 燃料的热值

1 kg 燃料完全燃烧后，将燃烧产物冷却到起始温度，所放出的热量，叫做燃料的热值，单位为千焦耳/千克燃料。起始温度根据测量条件来规定，通常定为 25 ℃。

由于航空燃料都是碳氢化合物，完全燃烧后必然生成大量水，当燃烧产物冷却到 25 ℃ 时，这部分水蒸气便会凝结成水，还要放出一部分热量（约 2 512 kJ/kg）。测量燃料热值时，若计入水蒸气凝结放出的这部分热量得到的燃料热值，称为高热值，用 $H_{高}$ 表示；若不计入这部分热量得到的燃料热值，称为低热值，用 $H_{低}$ 表示。

航空发动机工作时，因为燃料在发动机中燃烧后燃烧产物排出发动机时，废气温度很高（一般在 300 ℃ 以上），水蒸气不会在发动机内凝结成水。所以，发动机实际工作时只能利用燃料的低热值，在以后的计算和分析中，燃料的热值都是指的低热值。

燃料的种类不同，热值的大小也不同，表 1.3 中列出了几种常用液体燃料的低热值。

表 1.3　几种常用液体燃料的低热值

燃料	$H_{低}/(kJ/kg)$	燃料	$H_{低}/(kJ/kg)$
汽油	43 961	柴油	41 868
煤油	43 124	酒精	27 109

如果燃料不能完全燃烧，1 kg 燃料的实际放热量就小于燃料的热值。所以，混合气越富油，1 kg 燃料的实际放热量就越小。

4. 混合气的放热量

发动机实际工作时，混合气的放热量直接影响发动机的功率和温度。对于单位重量的混合气的放热量 $q_{混}$ 而言，只与混合气余气系数 α 有关，其关系如图 1.14 所示。从图中可以看出：当余气系数大于 1 过多时，尽管燃料可以完全燃烧，但由于剩余的空气较多，燃料释放出的热量被多余的空气吸收，最终使混合气发热量减小；当余气系数小于 1 过多时，因氧气不足，燃料不能完全燃烧，同时多余的燃料也将吸收热量，所以混合气发热量减小。实验证明，只有当余气系数稍小于 1 时（约为 0.97），混合气放热量最大。

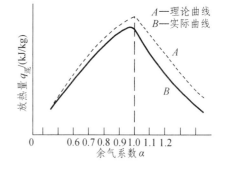

图 1.14　$q_{混}$-α 的关系

A—理论曲线
B—实际曲线

二、火焰的传播

1. 混合气的着火

混合气温度达到一定的数值时，开始出现火焰而燃烧起来的现象，叫作混合气着火。混合气着火所需要的最低温度，叫作着火温度。

当混合气温度较低时，虽然活性中心不断地繁殖，但活性中心与容器壁碰撞后会迅速消失，活性中心的消失速度远大于其繁殖速度，混合气不可能着火。只有当混合气的温度升高到一定值，活性中心的繁殖速度增加并开始大于其消失速度时，活性中心的数量急剧增多，混合气便立即着火，最终引导化学反应的发生。所以，要使混合气燃烧，必须使混合气温度达到着火温度，这是混合气燃烧不可缺少的条件。混合气的着火温度随组成混合气的燃料与氧化剂种类的不同而不同。表 1.4 给出了几种常见的燃料与空气组成的混合气经实验测得的着火温度。

表 1.4　几种常见燃料与空气组成的混合气经实验测得的着火温度

燃料	着火温度/°C	燃料	着火温度/°C
汽油	440	煤油	229
乙烷	515	苯	562
正庚烷	223	异辛烷	418

目前，使混合气开始着火的方法有两种：一种是用专门的火源对混合气加温，使混合气的温度达到着火温度，这种方法叫作点燃。另一种是先压缩空气，提高其温度，使空气与燃料组成混合气时即可达到着火温度，这种方法叫作压燃。现代航空发动机中，通常是采用点燃的方法使混合气着火，地面某些柴油发动机采用压燃方式。

2. 混合气中火焰的传播

混合气被点火装置点燃以后，产生的火焰就在混合气中传播而使所有的混合气逐渐燃烧起来。火焰是怎样在混合气中传播的呢?下面分静止混合气和流动混合气两种情况来说明。

1）静止混合气中火焰的传播

如图 1.15 所示，当点火装置点燃了其邻近一小部分混合气后，在已燃气体与新鲜混合气之间，有一层向前推进的正在起剧烈化学反应的发光、发热的气体薄层，这个气体薄层叫做火焰前峰，它是已燃区与未燃区的分界面。

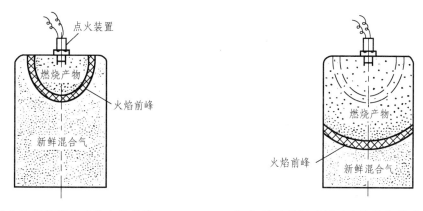

（a）混合气开始燃烧时的火焰前峰　　　　（b）过了很短时间后火焰前峰前进的位置

图 1.15　静止混合气中火焰的传播

火焰前峰内，燃气的温度很高，活性中心浓度很大。因此，燃气会将热能传给邻近的新鲜混合气，使其温度逐渐升高。同时，燃气的活性中心也会向邻近的新鲜混合气内扩散。结果，使邻近火焰前峰的一层新混合气活性中心迅速繁殖，温度很快上升，达到着火温度时便燃烧起来。随即这一层就成为新的火焰前峰。火焰前峰在新鲜混合气中就是这样一层一层地向前推进，连续点燃新鲜混合气，直到新鲜混合气燃烧完为止。我们将火焰前峰不断地向前推进、不断产生新的火焰前峰的过程看成火焰的传播，火焰前峰相对于新鲜混合气向前推进的速度叫做火焰传播速度，用 v_P 表示。

　　2）流动混合气中火焰的传播

　　流动混合气中火焰的传播原理与静止混合气中火焰的传播原理相同。但是，由于混合气是流动的，火焰前峰的位置与静止气体中的情况有所不同；同时，发动机内混合气通常都在作紊流流动，在这种情况下，火焰传播速度比在静止混合气中也大得多。

　　首先，我们介绍在层流混合气中火焰的传播。

　　假设混合气在绝热材料制成的圆管内，以一定的速度从左向右流动，圆管任意横截面上各点的流速都相等，如图 1.16 所示。在管内右边某处点燃混合气后，所形成的火焰前峰便向新鲜混合气内推进。

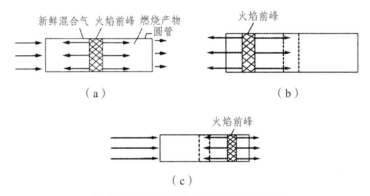

图 1.16　流动混合气中火焰的传播

　　如果火焰传播速度等于新鲜混合气的流速，火焰前峰便稳定在管内某一位置，如图 1.16（a）所示。这与逆水行舟中划行速度等于水流速度时，船即停滞不前的道理相同。如果火焰传播速度大于新鲜混合气的流速，火焰前峰的位置则逐渐向前移动，如图 1.16（b）所示。这与逆水行舟中划行速度大于水流速度时，船便逆水而上的情形相同。如果火焰传播速度小于新鲜混合气的流速，火焰前峰的位置则逐渐向后移动，如图 1.16（c）所示。这与逆水行舟中划行速度小于水流速度时，船被冲向下游的情形相同。

　　由此可见，要使火焰前峰保持在管内某一位置不动，以便不断点燃新鲜混合气，火焰传播速度必须等于混合气的流动速度。

　　航空发动机实际燃烧过程是在紊流中进行的，当气体作紊流流动时，气体的运动极为紊乱，管道内同一截面上各点的气流速度变化很大。所以，火焰前峰的表面呈极不规则的曲面，如图 1.17 所示。这种弯曲的表面，有效增大了火焰前峰内的燃气与新鲜混合气的接触面积。所以，气体运动的紊乱和接触面积的增大加强了燃气与新鲜混合气之间的热传递和活性中心的扩散，新鲜混合气的温度能够比较迅速地达到着火温度，大大加快了新鲜混合气的燃烧速度。所以，紊流混合气中的火焰传播速度远大于静止混合气的火焰传播速度。

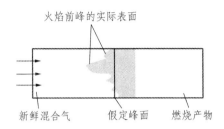

图 1.17   紊流情况下的火焰前峰

3. 影响火焰传播速度的因素

火焰传播速度的大小与混合气达到着火温度所需的时间和火焰前峰内进行的化学反应速度密切相关。归纳起来有以下因素 ：

1）混合气的性质

不同性质的燃料与氧化剂组成的混合气，由于燃料的热值、燃料与氧化剂进行化学反应所需的活化能以及混合气的导热性不同，因而有着不同的火焰传播速度。如表 1.5 所示为几种燃料的 v_p 值。

表 1.5   几种燃料的 v_p 值

燃料	热值 $H/(kJ/kg)$	火焰传播速度 $v_p/(cm/s)$
汽油	43 961	45
煤油	43 124	36
戊硼烷	67 826	450

燃料的热值越大，燃料与氧化剂进行化学反应所需的活化能越小；燃料与氧化剂组成的混合气的导热性越好，最终都会使混合气达到着火温度的时间越短，火焰传播速度也越大。

2）混合气的余气系数

实验表明：任何碳氢燃料与空气组成的混合气，无论是在静止或是在流动状态下燃烧，一般都是混合气的余气系数为 0.8～0.9 时，火焰传播速度最大。余气系数过大或过小，超过某一极限值时，火焰则不能传播。火焰能够传播的最大余气系数，叫作贫油极限；最小余气系数，叫作富油极限。火焰传播速度最大时的余气系数和贫、富油极限，随燃料种类和实验条件的不同而有所不同。例如，汽油与空气组成的混合气在层流状态下，初温为 150 °C 时的实验结果，如图 1.18 所示。

火焰传播速度随余气系数变化的规律主要受混合气放热量因素影响，余气系数稍小于 1 时，混合气的放热量最大，燃气温度最高，火焰前峰内燃气与新鲜混合气之间的热传递和活性中心的扩散作用最强，所以火焰传播速度最大。余气系数过大或过小，由于混合气的放热量过小，火焰前峰内燃气温度过低，不能点燃邻近的新鲜混合气，因而火焰就不能传播，燃烧中断。

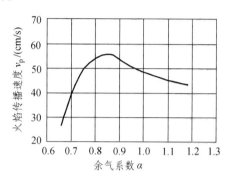

图 1.18　v_p-α 的关系（层流状态下）

3）混合气的初温、初压

混合气的初温、初压是指混合气在燃烧以前的温度和压力。混合气的初温升高，新鲜混合气达到着火温度的时间越短；而且，燃烧后气体的温度也升高，活性中心浓度增大，其扩散作用增强，因此，火焰传播速度增大。混合气初压对火焰传播速度的影响则较为复杂，实验结果表明，在静止的混合气中，初压的变化对火焰传播速度基本没有影响；在紊流混合气中，火焰传播速度则随初压的增大而增大。

4）气流的紊流强度

如前所述，在紊流混合气中的火焰传播速度远大于层流混合气中的火焰传播速度，所以，气流的紊流强度越大，火焰前峰表面越弯曲，如图 1.19 所示，甚至某些正在燃烧的气团可能脱离火焰前峰而进入新鲜混合气内，某些新鲜混合气的气团也可能穿入火焰前峰，使火焰前峰表面碎裂，形成犬牙交错的形状。大大地增大了燃气与新鲜混合气的接触面积、热传递作用和活性中心扩散的作用，最终使火焰传播速度增大。

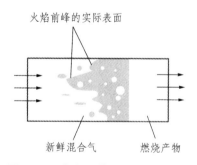

图 1.19　大紊流情况下的火焰前峰

5）点火能量

点火装置点火能量越高，邻近混合气达到着火温度的时间越短，所以，火焰传播速度越大。

综上所述，影响火焰传播速度的因素较多，就航空发动机的实际燃烧过程而言，混合气余气系数和紊流是主要的影响因素。

第三节 奥托循环及热力学第二定律

航空发动机作为一种热机，必须不断地将燃料的热能转换成发动机的机械功，这就要求工质气体不断地重复燃烧、膨胀的热力过程，并与其他过程一起组成一循环，即热力循环，在 p-v 图上为一封闭曲线。目前广泛用在航空发动机上的热力循环是航空活塞发动机采用的奥托循环和航空燃气涡轮发动机采用的布莱顿循环，这里只介绍奥托循环。

一、奥托循环

如图 1.20 所示，奥托循环由绝热压缩过程 1-2、等容加热 2-3、绝热膨胀 3-4 和等容放热 4-1 组成。这个循环因首先由德国工程师奥托在 1876 年成功地应用于内燃机而得名，由于该循环在等容条件下加热，也称为等容加热循环。现代航空活塞发动机都是按奥托循环来工作的。

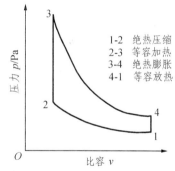

在奥托循环中，工质首先被活塞压缩，进行绝热压缩。在这个过程中，发动机对工质做功，气体压力、温度升高，为气体燃烧、膨胀做准备。然后进行等容加热，实际上是燃料燃烧释放出热能的过程，气体温度、压力急剧升高，为膨胀做功准备条件。然后进行绝热膨胀，在这个过程中，工质推动活塞做功，气体压力、温度降低。最后气体进行等容放热过程，工质向外界放出热量，气体温度、压力降低，直到恢复原来状态为止。这样，

图 1.20 奥托循环

工质就完成了一个循环。由此可见，通过工质气体不断地完成热力循环，最终发动机就不断地输出机械功。这一切都依赖于燃料可靠的燃烧，因此必须确保可靠的点火源。

奥托循环热效率（ $\eta_{热}$ ）定义为：一次循环中，1 kg 工质气体对发动机所做的功与燃料加给它的热量的比值。公式为

$$\eta_{热} = \frac{q_1 - q_2}{q_1} \tag{1-28}$$

式中 q_1——燃料加给单位工质的热量；

q_2——单位工质散发到大气的热量。

经进一步推导可得到

$$\eta_{热}=1-\frac{1}{\varepsilon^{k-1}} \tag{1-29}$$

式中　$\varepsilon=\dfrac{V_1}{V_2}$，气缸压缩比，如图 1.21 所示。

由公式（1-29）可以看出，奥托循环热效率的大小取决于发动机的压缩比。压缩比越大，气体被压缩得越厉害，加热后气体具有的膨胀能力就越强，可将更多的热能转换成机械功，且随废气排出的散失到大气中的不可利用的热能越少，热的利用率越高，故热效率越高。

如发动机压缩比 = 6.0，循环热效率 = 51%；

如发动机压缩比 = 8.0，循环热效率 = 56.5%；

如发动机压缩比 = 9.0，循环热效率 = 58.5%。

发动机压缩比与循环热效率的关系曲线如图 1.22 所示。

发动机的实际工作过程较为复杂，如压缩、膨胀过程并非严格的绝热过程，存在散热损失；燃烧过程也并非严格的等容加热，实际加热过程是通过组织燃油与空气燃烧，释放出燃油中的热能而实现的，存在不完全燃烧及燃烧产物的离解损失等。所有这些损失最终都会使气体膨胀能力降低，气体对发动机所做的机械功减小。所以，实际发动机的热效率更低。为了提高其热效率，除主要应提高发动机压缩比外，还须尽可能降低发动机各工作过程的损失。

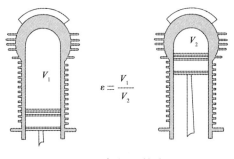

图 1.21　气缸压缩比

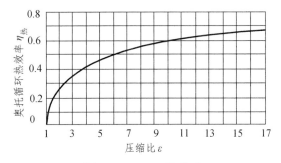

图 1.22　$\eta_{热}$-ε 的关系

二、热力学第二定律

热力学第一定律说明了热能与机械能的相互转换关系，但是，它并没有说明热能转换成机械能和机械能转换成热能这两种过程的本质区别，而这些问题将由热力学第二定律来解决。

1. 自发过程的不可逆性

自然界中，有很多过程是可以正向进行，也可以逆向进行的，这种过程称为可逆过程。如理想情形下，单摆的运动就是可逆过程。但也有很多过程是不可逆的，特别是自然界中的自发过程，即在常温、常压下，不需要外界辅助就能自动进行的过程。例如，食盐溶解于水时，盐分子很快自发地扩散，形成均匀的盐水；但一杯盐水决不会自动地将所有的盐析出而得到一杯纯水和盐。要使盐水析出盐，必须施加一定条件，即对盐水加热，使水蒸发出来，便可得到纯水和盐。又如，热量只会从高温物体自发地向低温物体传热，而决不会自动地由低温物体传向高温物体。要使热量由低温物体传向高温物体，必须通过制冷机，消耗能量才能实现。

所以，自然界中的自发过程是不可逆的，要使逆过程进行，必须外加条件。

2. 热力学第二定律

人们在研究机械能与热能相互转化的过程中，通过大量的实践发现，机械能可以通过摩擦自发地全部转化成热能，但反过来，热能就不可能全部转化成机械能。无数实践表明：热能转变成机械能的过程中，必须损失一部分热能，才能将另一部分热能转变成机械能，而不可能将全部热能转变成机械能。

例如，航空活塞发动机工作时，燃料在气缸中燃烧，释放出热能，对工质加热，相当于热源向工质供热，工质膨胀做功后排出发动机，无论工质膨胀得如何彻底，膨胀后的温度总是比大气温度高，从而不可避免地有一部分热能排入大气中，这可以看作是向冷源排热，如图 1.23 所示。所以，任何一种热机，要将热能转变成机械能必须满足两个条件：必须具备热源和冷源，工质必须向冷源排热，因而只能将部分热能转变成机械能。这是热机热效率不高的根本原因之一。热力学第二定律可表述为："要制成只从一个热源吸收热量并把它全部转换成功的发动机是不可能的。"这是英国物理学家开尔文于 1851 年首先提出的，所以又叫开尔文（Kelvin）说法。热力学第二定律还有其他表述形式，这里不多介绍。

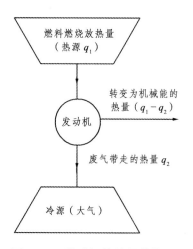

图 1.23　发动机的能量转换

为什么机械能转变成热能，与热能转变成机械能这两个过程之间会有如此的区别呢？它的本质是什么？热力学第二定律如何理解？在物理学中已介绍，热能是物质内部大量分子作无规则运动所具有的能量。大量分子无规则运动是一种漫无秩序的混乱运动。一切有规则的运动往往很容易被破坏，而转变成这种无规则的运动。也就是说，有规则的运动转变为无规则的运动的机会较多，而大量分子的漫无秩序的混乱运动自发地转变为同一方向的有规则的运动的机会则非常少，甚至可以说，这种转变是不可能自发出现的。机械运动是大量分子的有规则运动，所以，机械能可以自发地转变为热能，而热能不会自发地转变成机械能，而是有条件地转变成机械能。

热力学第二定律作为自然界的一条客观规律，人类必须遵守，不能违背。历史上曾有人企图创造一种发动机，利用大气所含热能来源源不断地做功。这种只从一个热源（大气）吸收热能来做功的发动机（称为第二类永动机）是违反热力学第二定律的（没有冷源）。根据热力学第二定律，我们虽然不能把加入发动机的热量全部转变成机械功，但是，在可能的范围内，必须尽量减小损失，把加入的热量尽可能多地转变为机械功，以提高发动机效率。

【本章小结】

比容、温度和压力是最常见的气体状态参数。比容描述了气体分子的疏密程度；温度是气体分子热运动平均移动动能的度量；压力反映了气体分子热运动对器壁碰撞的总效应。3 个参数的相互联系通过气体的状态方程表示。

气体的状态可通过压容图上的点表示；气体的热力过程可通过压容图上的曲线表示。

气体理想的热力过程有：等容过程、等压过程、等温过程和绝热过程，其中绝热过程在航空发动机工作中应用最广泛。

稳定流动是指流体在空间各点的流动参数不随时间变化的流动。在管道内任意截面流体的流量相等。

音速是弱扰动波在介质中传播的速度，描述了介质的压缩性。马赫数是气流在某点的流速与该点音速的比值，描述了气流的压缩性。

最常见的气流滞止参数是总温和总压；总温描述了气流的总能量大小；绝能流动时总温不变；总压描述了气流总的机械能大小和膨胀做功能力，绝能、无摩擦流动时总压不变。

气流的临界状态是指 Ma 为 1 时的状态。收敛型管道最多只能将亚音速气流加速到音速，只有拉瓦尔管才可能将亚音速流加速到超音速。

燃烧是物质产生发光、发热的化学反应。完全燃烧是指燃烧产物中再无可燃物质。航空发动机目前都采用航空汽油和航空煤油作燃料。

余气系数和油气比都是描述混合气成分的物理量。当混合气的余气系数 $\alpha = 0.97$ 时，混合气的放热量最大；当混合气的余气系数 $\alpha = 0.8 \sim 0.9$ 时，火焰传播速度最大。完全燃烧 1 kg 航空燃料至少需要约 15 kg 的空气。

着火温度是混合气着火所需要的最低温度，着火方法有点燃和压燃两种。火焰前峰是指正在向前推进的、起剧烈化学反应的、发光发热的气体薄层。火焰传播速度是指火焰前峰相对于新鲜混合气向前推进的速度；影响火焰传播速度的因素有：混合气的性质、混合气的余气系数、混合气的初温初压、气流的紊流强度和点火能量。

　　航空活塞发动机都采用奥托循环，它由绝热压缩、等容加热、绝热膨胀和等容放热4个热力过程组成；影响奥托循环的热效率因素是气缸压缩比，压缩比越高，热利用率越高。

　　热力学第二定律是人们在实践中总结出来的客观规律，它说明了要制成只从一个热源吸收热量并把它全部转换成机械功的发动机是不可能的，这是热机效率不可能任意高的根本原因。

复习思考题

　　1. 气体最常见的状态参数有哪些？其物理意义是什么？

　　2. 常见的温标有哪些？相互间的关系是什么？

　　3. 什么是气体的绝热过程？举例说明在航空发动机工作中气体哪些过程是绝热过程？

　　4. 音速、马赫数的物理意义是什么？

　　5. 总温、总压的物理意义是什么？

　　6. 余气系数的物理意义是什么？与油气比的关系如何？

　　7. 什么叫着火温度、火焰传播速度？影响火焰传播速度的因素有哪些？

　　8. 奥托循环的组成有哪些？影响循环热效率的因素有哪些？

　　9. 热力学第二定律的物理意义是什么？

第二章　航空活塞发动机的组成及工作

第一节　航空活塞发动机概述

一、航空活塞发动机的类型

1. 按混合气形成的方式划分

根据混合气形成的方式不同，航空活塞发动机可分为汽化器式发动机和直接喷射式发动机。汽化器式发动机装有汽化器，燃料与空气在汽化器内混合好，再进入发动机气缸中燃烧。直接喷射式发动机中装有直接喷射装置，燃料由直接喷射装置直接喷入气缸，混合气在缸内形成。

功率较小的航空活塞发动机多为汽化器式，功率较大的航空活塞发动机则既有汽化器，也有直接喷射式的。

2. 按发动机的冷却方式划分

根据发动机的冷却方式不同，航空活塞发动机可分为气冷式发动机（见图 2.1）和液冷式发动机（见图 2.2）。气冷式发动机直接利用飞行中的迎面气流来冷却气缸。液冷式发动机利用循环流动的冷却液来冷却气缸，冷却液最终将所吸收的热量散发到周围的大气中。

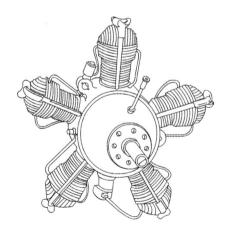

图 2.1　气冷式发动机

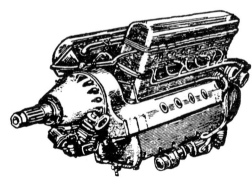

图 2.2　液冷式发动机

功率较小的航空活塞发动机则多为气冷式发动机，功率较大的则既有气冷式的，也有液冷式的。

3. 按气缸的排列方式划分

按气缸的排列方式不同，可以把航空活塞发动机归纳为直列型和星型两类。直列型发动机的气缸在机匣上从前到后排列成行。目前使用中最常见的直列型发动机为水平对置型（见图2.3），气缸在机匣的左右两侧各排成一行，彼此相对。这种发动机有四缸、六缸和八缸等。

星型发动机的气缸沿着机匣的周围均匀排列，气缸是以曲轴为中心，向外呈辐射状安装。目前使用中最常见的星型发动机为单排星型和双排星型（见图2.4）。

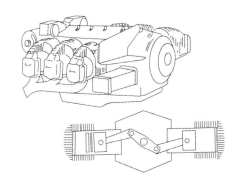

图 2.3　水平对置发动机

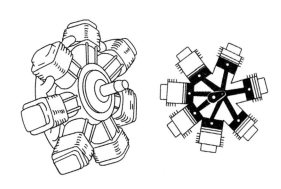

图 2.4　单排星型发动机

4. 按空气进入气缸前是否增压划分

根据空气在进入气缸之前是否增压，航空活塞发动机分为增压式和吸气式发动机。吸气式发动机工作时，外界空气直接被吸入气缸。增压式发动机装有增压器，空气先经过增压器提高压力，然后再进入气缸。

增压式发动机常用在飞行高度较高的飞机上，而吸气式发动机则常用在飞行高度较低的飞机上。

5. 按发动机转子是否带有减速器划分

根据发动机曲轴与螺旋桨间是否带有减速器，航空活塞发动机可分为直接驱动式和非直接驱动式发动机。直接驱动式发动机其螺旋桨由发动机曲轴直接驱动。非直接驱动式发动机其螺旋桨由发动机曲轴通过减速器驱动。直接驱动式发动机常常为小功率发动机，非直接驱动式发动机常常为大功率发动机。

6. 按活塞在气缸内往返几个行程完成一个工作循环划分

根据活塞在气缸内完成一个工作循环往返的行程数，可以将活塞发动机分为二行程和四行程。航空活塞发动机工作时，是通过活塞在气缸内往返几个行程完成一个工作循环，将热能转换成机械能的。活塞式发动机的一个工作循环包括进气、压缩、做功和排气 4 个过程，活塞经过两个行程完成一个工作循环的发动机称为二行程发动机，经过 4 个行程完成一个工作循环的发动机称为四行程发动机。现代航空活塞发动机大部分都属于四行程发动机。

总的说来，以上划分都仅仅反应了发动机的某一侧面。对具体发动机应综合其全面特点。例如装在国产运五飞机上的活塞五型航空活塞式发动机，其全称为：九缸、星型、气冷式、汽化器式、增压式非直接驱动活塞发动机；装在美国塞斯纳 172R 型飞机上的 IO-360-L2A 航空活塞发动机，其全称为：四缸、水平对置式、气冷式、直接喷射式、吸气式直接驱动活塞发动机。

二、航空活塞发动机的基本组成

装有活塞式发动机的飞机，它向前的拉力是由发动机带动的螺旋桨产生的，所以飞机的推进器是螺旋桨。活塞发动机加上螺旋桨推进器就组成了飞机的动力装置。这里仅介绍活塞发动机的组成。

航空活塞发动机由主要机件及工作系统组成。

1. 主要机件

航空活塞发动机的主要机件包括气缸、活塞、连杆、曲轴、气门机构、机匣等，如图 2.5 所示。

气缸是混合气进行燃烧，并将燃烧后的热能转变为机械能的地方。同时，气缸还引导活塞的运动。发动机工作时，气缸承受燃气高温、高压作用，因此气缸必须有足够的强度及良好的散热性能，此外还要求气缸的质量要轻。为了满足这些要求，气缸一般都由气缸头和气缸身两部分组成，如图 2.6 所示。气缸身由合金钢制成，以确保其强度。气缸头则用导热性较好且质量较轻的铝合金制成。气缸头上装有进气门、排气门和电嘴等部件。为加强散热，气冷式发动机的气缸头和气缸身都装有许多散热片。此外，为减轻活塞高速往复运动而产生的摩擦和磨损，气缸身内表面经过仔细研磨抛光处理。航空活塞发动机都是多气缸发动机，气缸的数目随发动机的类型及功率大小不同而不同。

活塞在气缸内作往复直线运动，实现了气体的能量与曲轴机械功的相互转换。活塞常用导热性较好且质量较轻的铝合金制成。活塞内部是空心的，装有与连杆连接的活塞销。活塞外部周围有几道圆周槽，槽内装有特种耐磨生铁制成的弹性胀圈。胀圈与气缸抛光内表面紧密贴合，用来防止燃气漏入机匣和滑油漏进气缸，起到密封的作用。

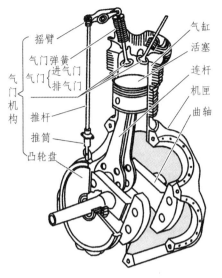

图 2.5　活塞发动机的主要机件

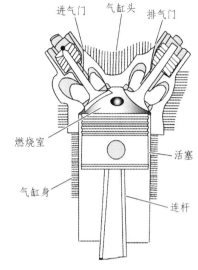

图 2.6　气　缸

连杆用来连接活塞与曲轴，传递机械功。连杆是主要的受力件，由高强度合金钢制成。对水平对置式航空活塞发动机而言，它的连杆是普通连杆，小头连接活塞，大头连接曲轴，而对于多气缸的星型航空活塞发动机而言，它的连杆是一个主连杆和多个副连杆组成的连杆组，如图 2.7 所示。

曲轴通过连杆将活塞直线往复运动转变为曲轴旋转运动，用来带动螺旋桨和其他附件。曲轴也是主要的受力件，由高强度合金钢制成。曲轴支承在机匣内，其组成如图 2.8 所示。其中曲轴上的配重用来平衡曲轴转动的惯性离心力，减轻发动机工作时的振动。

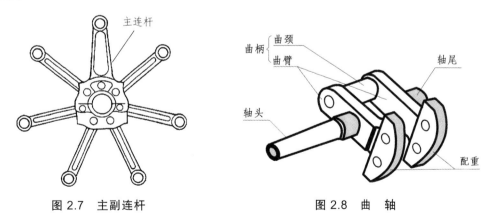

图 2.7　主副连杆

图 2.8　曲　轴

活塞、连杆和曲轴连接在一起，称为曲拐机构。曲拐机构的作用就是将活塞直线往复运动转变为曲轴旋转运动。如图 2.9 所示，是一个六缸水平对置活塞发动机的曲拐机构。

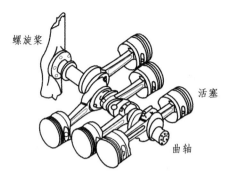

图 2.9　曲拐机构

气门机构的作用是控制进、排气门的开启和关闭，保证及时地将混合气送入气缸和将气缸内的废气排出。典型的气门机构如图 2.10 所示，由传递齿轮、凸轮盘、推筒、推杆、摇臂、气门及气门弹簧组成。发动机工作时曲轴转动，经传动齿轮带动凸轮盘转动。当凸轮盘上的凸起顶推筒时，推杆上移，经摇臂压缩气门弹簧，使气门打开；凸起转过后，在气门弹簧作用下，气门关闭。发动机每一个气缸上都有一个进气门和排气门，它们的开启和关闭都由气门机构来控制，由于气门处在气缸头高温区，故由特种耐热钢制成，为了便于形成进气涡流，进气门头部常特制成凹形；为了加强排气门的散热，排气门制成空心的，其内充填金属钠，所以排气门杆较粗，头部常呈凸形。

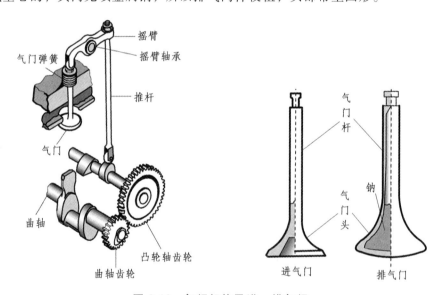

图 2.10　气门机构及进、排气门

机匣是发动机的壳体，用来安装气缸及有关附件、支承曲轴和传递螺旋桨拉力，并将发动机上所有的机件连接起来，构成一个整体。机匣常用高强度的铝合金或铝镁合金制成，如图 2.11 所示。

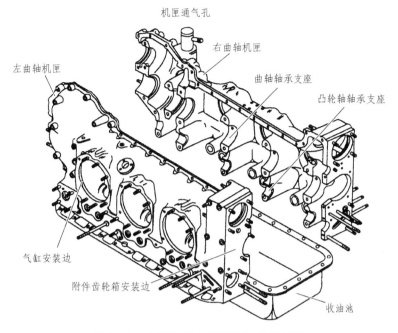

图 2.11　水平对置六缸活塞发动机机匣

　　大功率的航空活塞发动机，通常曲轴带动螺旋桨时，中间要经过一个称为减速器的机构。它的作用是用来使螺旋桨的转速低于曲轴转速。因为要使发动机发出较大的功率，曲轴应有较大的转速（目前曲轴转速为 2 200 ~ 3 500 r/min）；但螺旋桨的转速又不能太大（目前一般限制在 2 000 r/min 以内），否则，桨尖的运动速度将超过音速，出现激波阻力，使螺旋桨效率大大降低，拉力减小。为了解决这一矛盾，在螺旋桨与曲轴间加装了减速器。典型的减速器的组成及工作如图 2.12 所示。发动机工作时，曲轴带动主动齿轮转动，主动齿轮带动游星齿轮转动，游星齿轮一边自转，一边绕固定齿轮公转。螺旋桨转速就是游星齿轮公转转速，所以螺旋桨的转速比曲轴转速小得多，然而扭矩则相应增加。螺旋桨的转速与曲轴的转速比称为减速比，用 i 表示。i 一般为 0.5 ~ 0.7。

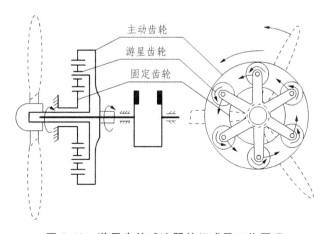

图 2.12　游星齿轮减速器的组成及工作原理

减速器虽然可以较好地确保螺旋桨效率，同时也使发动机质量增加，机械损失加大。所以当发动机功率不大时，可以不设置减速器而由曲轴直接驱动螺旋桨，最终使发动机的总体性能得到优化。

2. 发动机的工作系统

要保证发动机的正常工作，除了以上的主要机件外，还必须依赖发动机的工作系统。

1）燃油系统

燃油系统的功用是连续地供给发动机适量的燃油，并且将燃油变成雾状，便于与空气均匀混合。

2）点火系统

点火系统的功用是在适当的时刻产生电火花，点燃气缸内的混合气。

3）润滑系统

润滑系统的功用是不断地将滑油送到各机件的摩擦面进行润滑，以减小摩擦阻力，减轻机件磨损；并将机件摩擦产生的热量带走，散入到大气中。

4）冷却系统

冷却系统的功用是将气缸的部分热量散发到大气中去，确保气缸温度正常。

5）起动系统

起动系统的功用是利用外部动力把曲轴转动起来，使发动机从静止状态转入工作状态。

三、航空活塞发动机的基本工作

航空活塞发动机将热能转变成机械能，是由活塞运动几个行程完成一个工作循环来实现的。活塞运动 4 个行程完成一个工作循环的发动机，叫四行程发动机。现代航空活塞发动机都属于四行程发动机。

1. 基本术语（见图 2.13）

上死点：活塞顶距曲轴旋转中心最远处的位置。

下死点：活塞顶距曲轴旋转中心最近处的位置。

曲轴转角：曲臂中心线与气缸中心线的夹角，用来描述发动机工作时活塞的位置。

活塞行程：上死点与下死点间的距离。

燃烧室容积：活塞在上死点时，活塞顶与气缸头之间形成的容积。

气缸总容积：活塞在下死点时，活塞顶与气缸头之间形成的容积，可用来描述发动机的做功能力。

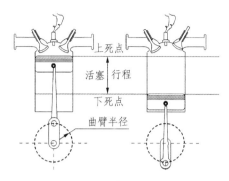

图2.13　活塞发动机基本术语

2. 发动机的工作循环

航空活塞发动机工作时，活塞不断重复进气行程、压缩行程、膨胀行程和排气行程，如图2.14所示。进气行程使气缸内充满新鲜混合气；通过压缩行程将气体压力、温度提高；在压缩行程的末期，电嘴点火，混合气燃烧释放出热能，气体压力、温度急剧升高推动活塞做功，完成膨胀过程；最后经排气行程将废气排出气缸，如图2.14所示。排气行程结束后，又重复进行下一循环的进气行程、压缩行程……最终连续不断地将燃料热能转变成机械能。由此可见，每完成一次能量转换，活塞运动了4个行程，发动机完成一次工作循环，曲轴共转了两圈（$4 \times 180° = 720°$）。

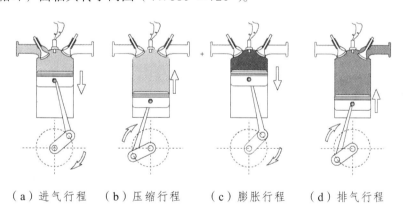

（a）进气行程　　（b）压缩行程　　（c）膨胀行程　　（d）排气行程

图2.14　四行程发动机的工作

活塞在4个行程运动中，只有膨胀行程获得机械功，其余3个行程都要消耗一部分功，消耗的这部分功比膨胀得到的功小得多。因此从获得的功中扣出消耗的那部分功，所剩下的功依然很大，用于带动螺旋桨及有关附件，给飞机提供推进力。

以上讨论的是发动机一个气缸内的工作情形，实际上航空活塞发动机都是由多气缸组成的，虽然每个气缸内的活塞都是按四行程的方式工作，但各气缸内的相同行程并非同时进行，而是此起彼伏，按一定次序均匀错开的。这样的安排，目的是保证活塞推动曲轴的力量比较均匀，发动机的运转较为平稳。气缸的工作次序与气缸的排列形式有关，单排星形九缸活塞发动机，气缸的点火次序为：1－3－5－7－9－2－4－6－8－1；单排星形五缸活塞发动机，气缸的点火次序为：1 – 3 – 5 – 2 – 4 – 1，如图 2.15（a）所示；水平对置六缸活塞发动机，气缸的点火次序为：1 – 4 – 5 – 2 – 3 – 6 – 1，如图 2.15（b）所示；水平对置四缸活塞发动机，气缸的点火次序为：1 – 4 – 3 – 2 – 1。

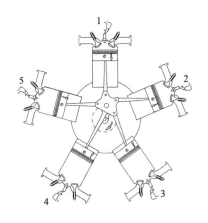 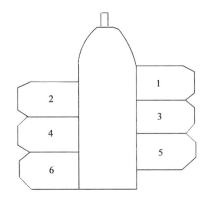

（a）五缸星形发动机的工作情形　　　　　　（b）水平对置式六缸发动机的工作情形

图 2.15　发动机工作循环

第二节　发动机的进、排气过程和压缩过程

四行程航空活塞发动机完成一个工作循环，活塞在气缸内要经 4 个行程，作为工质气体则要经过进气、压缩、燃烧、膨胀及排气 5 个热力变化过程，每一个过程的工作都影响发动机的性能，但对定型的发动机，从使用角度上讲，进气和燃烧两个热力过程对发动机的性能起决定性作用。

一、进气过程

1. 进气情形

新鲜气体充填气缸的过程叫进气过程。进气过程的作用是使发动机工作时得到所需要新鲜气体。进入气缸内的新鲜气体的量直接影响发动机的工作性能，只有每个气缸都能确保一定的进气量，发动机才能正常工作。

进气过程从进气门打开时开始，到进气门关闭时结束。在实际的发动机中，为了增大进气量，减轻气门机构的机械撞击，进气门都是早开晚关的，即在上一循环排气过程的末期（上死点前）进气门开始打开，在压缩过程的初期（下死点后）进气门开始关闭，如图 2.16 所示。这样，在整个进气过程中，曲轴转角为 $180 + \alpha + \beta$（其中 α、β 分别为进气门的早开角和晚关角）。气体从外界进入气缸的情形如图 2.17 所示。

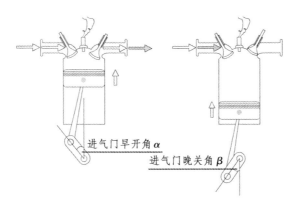

图 2.16　进气过程

　　某装有汽化器的吸气式发动机的进气情形，如图 2.17 所示，外界空气由进气装置进入发动机后，经节气门（由驾驶舱内的油门杆控制）计量并与燃油混合组成混合气后，再由分气室分配后经进气管和进气门进入各气缸。

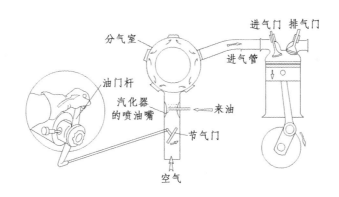

图 2.17　吸气式发动机的进气情形

　　某装有直接喷射装置的增压式发动机的进气情形，如图 2.18 所示，外界空气由进气装置进入发动机后，经节气门计量，进入增压器提供压力后，再经进气管和进气门进入各气缸，而燃油则从喷油嘴直接喷入气缸，空气在气缸内与燃油组成混合气。

　　进气管道中的节气门与驾驶舱内的油门杆相连接，油门杆后拉，节气门关小，进气量减小；油门杆前推，节气门开大，进气量增加。所以，操纵油门可以改变进入气缸的气体量，从而改变发动机功率。

　　外界空气进入气缸时，在管道中必然存在流动损失，使气体的压力减小，尤其在弯管处和进气门处，会产生气流分离，形成涡流，如图 2.19 所示。同时，气体进入气缸后由于与气缸头，进、排气门及活塞等灼燃部件接触，气体温度将提高。随着发动机转速的增加，单位时间内需要更多的空气进入发动机，所以进气速度将增加（可达 70～80 m/s），流动损失将增加。

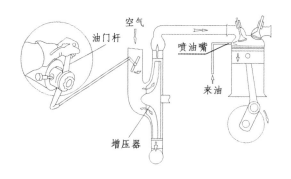

图 2.18　增压式发动机的进气情形

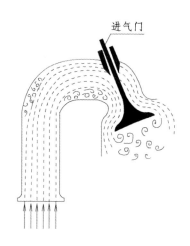

图 2.19　进气时的流动损失

进气过程中，气体压力的减小，温度的增加，会引起气体的比重减小，使进气量减小；但进气涡流的形成会有助于混合气的燃烧。

2. 充填量

在一次进气过程中，进入一个气缸的气体质量叫充填量，用 $G_充$ 表示。显然，在混合气余气系数不变的情况下，充填量越大，与空气混合的燃油量越多，因而混合气燃烧后产生的热量也越多，发动机功率也越大；反之，充填量越小，发动机功率也越小。所以，充填量是影响发动机功率的最主要因素。

对于已经制成的发动机，由于气缸的几何参数已经确定，所以，影响发动机充填量的主要因素有：进气压力，大气温度，气体的受热程度，流动损失，发动机转速和残余废气量等。

1）进气压力

进气压力是指气体在进入气缸前在进气管处的压力，如图 2.20 所示，常用 p_m 表示。进气压力越高，进入气缸的气体比重越大，充填量越大；反之，进气压力越小，充填量越小。为了使进气压力较为直接地反应充填量的变化，反应发动机的功率，在测量进气压力时采用真空膜盒测量绝对压力，在驾驶舱内的仪表显示如图 2.21 所示，进气压力的单位常为毫米汞柱（mmHg）和英寸汞柱（inHg）。

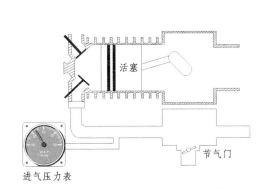

图 2.20 进气压力的测量　　　　　　图 2.21 进气压力表

影响进气压力的因素有：节气门开度，大气压力，进气流动损失，对增压式发动机还受增压情形影响。

飞行中飞行员可通过操纵驾驶舱中的油门杆，改变节气门的开度大小，来控制进气压力，从而达到增加或减小充填量进而改变发动机功率的目的，所以进气压力是飞行员调节发动机功率的有效途径之一。

当其他参数不变而大气压力降低时，进气压力减小，充填量减小，发动机功率减小。所以在相同的油门位置，对同一台发动机，在高原机场工作时发动机发出的功率较小。

2）大气温度

大气温度越低，气体的比重越大，充填量越大；反之，大气温度越高，充填量越小。所以，在同一机场发动机在冬季发出的功率就比在夏季大。当温差较大时，发动机在早晨发出的功率就比在中午大。

3）气体的受热程度

进气过程中，由于气体与气缸、活塞和气门机构等灼热部件相接触，吸收热量，温度升高，有的发动机进气时，气体还需对滑油散热，也会使气体温度升高，气体比重减小，充填量减小。所以，进气时气体受热程度大，则充填量将减小。因此，发动机冷却散热不良，发动机温度升高，会引起充填量减小，发动机功率减小。

4）流动损失

气体在进气过程的流动中，由于存在气流撞击、摩擦和分离损失，产生了流体阻力，当使用进气过滤装置时，流体阻力还会进一步增加。这些都会使气体的压力减小，温度升高，气体比重减小，充填量减小。所以，为了减小进气的流动阻力，要尽量注意保持进气管道内壁的清洁，防止进气导管受压变形。

　　5）发动机转速

　　当进气压力一定时，发动机转速对充填量的影响较为复杂，如图 2.22 所示，当转速由小转速增加时，一方面进气速度增加，进气损失增加，使充填量减小。但同时，进气过程持续时间的缩短使气体受热程度减小，使充填量增加。另一方面，转速增加使发动机状态更加接近发动机设计状态，进气门的早开晚关更加接近理想状态，又使充填量增加。综合这些因素，当发动机转速由小转速增加时，充填量增加；当发动机转速接近最大转速时，充填量减小。

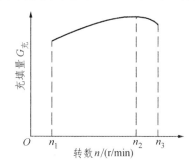

图 2.22　充填量与发动机转速的关系

　　总之，影响发动机充填量的因素较多，分析实际情况时，应对具体情况作具体分析。

二、排气过程

　　废气从气缸中排出的过程叫排气过程，如图 2.23 所示。气体经过燃烧、膨胀过程后，最后经排气过程将废气从气缸中排出，便于新鲜气体的进入，废气排出得越干净，残余废气量越少，充填量就越大。因此，应使排气过程尽可能多地排出废气。

　　典型的发动机排气装置如图 2.24 所示。

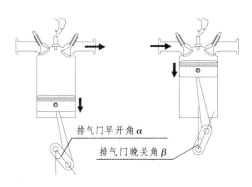

图 2.23　排气过程

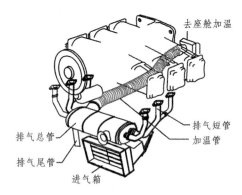

图 2.24　排气装置

　　发动机排气时，排气门开，废气经排气门、排气短管、排气总管、热交换器，最后经排气总管排出发动机。

　　与进气门的早开晚关相似，排气门也是早开晚关，目的是使废气排出更彻底，减少残余废气量，同时减少排气行程活塞所消耗的功。排气过程中，最初气缸内废气的压力较高，在压差的作用下，废气以极高的速度排出，同时伴随气缸内压力迅速降低；随着活塞向上运动，废气主要靠活塞的推挤作用排出气缸；当活塞经过上死点后，废气靠惯性继续流出气缸，直到排气门关闭。与进气门的早开晚关相似，排气门也是早开晚关，目的是使废气排出更彻底，减少残余废气量，同时减小排气行程活塞所消耗的功。

发动机排出的废气，具有相当高的温度（目前一般在 300 ℃ 以上），现代航空活塞发动机为了准确反应实际燃烧的情形，需要测量排气温度，此温度通常在发动机排气温度最高的气缸排气短管处通过热电偶测量。废气所具有的能量占燃料热能的 30% ~ 50%，若不加以利用，浪费很大。因此，发动机通常在排气装置中装有热交换器，利用废气的能量来加热空气，供机舱取暖、除冰、风挡除雾、汽化器加温等用。排气总管上的加温系统如果渗漏，会导致废气一氧化碳进入驾驶舱，引起一氧化碳中毒。所以有些活塞式飞机在加温系统管道的座舱入口附近装有一氧化碳探测器，监控加温系统的渗漏情况，实际飞行中应经常检查排气总管上的加温系统是否有渗漏。有的发动机还装有废气涡轮，将废气的能量转变为涡轮的机械功，用来驱动增压器，增大进气压力（详见本章第四节）。

三、压缩过程

压缩过程是指气体在气缸内被活塞压缩的过程。压缩过程的目的是提高气体的温度和压力，便于混合气燃烧和膨胀做功。

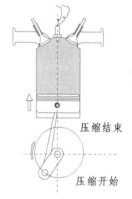

压缩过程从活塞下死点开始，到上死点结束，如图 2.25 所示。压缩过程的初期，进气门还开着，气缸内在继续进气，此为进气过程与压缩过程相重叠的阶段；随着活塞继续向上死点运动，进气门关闭后，混合气进一步受到压缩，压力、温度升高；在压缩过程的末期，电嘴点火，点燃混合气，当活塞运动到上死点时，压缩过程结束。经计算或实际测量，混合气经压缩后，气体的压力和温度可达到：吸气式发动机，压力 p 为 9 ~ 12 kgf/cm^2，温度 T 为 500 ~ 600 K；增压式发动机，压力 p 为 20 ~ 30 kgf/cm^2，温度 T 为 700 ~ 800 K。

图 2.25　压缩过程

我们常用压缩比 ε 来描述混合气在气缸中的压缩程度，压缩比的定义是气缸总容积 $V_总$ 与燃烧室容积 $V_燃$ 之比，即

$$\varepsilon = V_总 / V_燃$$

一般来说，压缩比越高，说明混合气受压缩的程度越厉害，气体的压力和温度提高得越多。提高压缩比可有效改善发动机的性能。这是由于：① 气体温度越高，活性中心的浓度越大，有利于混合气的着火和燃烧（v_p 提高）；② 气体压力越高，其燃烧后燃气所具有的膨胀能力越强，膨胀功越大；③ 混合气在较小的容积内燃烧，散热损失较少，经济性好。所以，发动机的功率提高，经济性变好。

但是压缩比也不能无限制地增大，因为压缩比提高到一定程度时再进一步增加，热利用率的提高已不显著，同时还会带来不良后果：① 混合气压力和温度过高，容易产生

早燃和爆震等不正常现象；② 混合气燃烧后，燃气压力、温度过高，发动机机件承受过大的负荷，容易损坏。所以，采用过大的压缩比也是不适宜的，实际的发动机在选择气缸压缩比时要受到燃油、发动机的机件强度等诸多因素的限制。目前航空活塞发动机的压缩比范围在 5 ~ 9。

对于使用中的发动机而言，气缸的压缩比基本上是一个定值。但是，若使用、维护不当，引起气缸严重磨损、积炭将使气缸压缩比变化，影响发动机性能；同时，压缩比一定时，也并不意味着发动机的增压能力一成不变，如果使用、维护不当，引起诸如气门关闭不严、活塞胀圈密封不严等情形时，发动机的实际增压能力将被削弱，也会影响发动机的性能。

第三节　燃烧过程

燃烧过程是指混合气在气缸内燃烧放热的过程。其作用是使燃油释放出热能，提高气体的温度和压力，以便气体膨胀，推动活塞做功。所以，燃烧过程工作的好坏直接影响发动机的工作。

航空活塞发动机因其自身的工作特性决定了其燃烧具有以下特点：① 火焰传播速度大。由于混合气在封闭的气缸中组织燃烧，火焰传播除了火焰前峰本身向新鲜混合气推进外，高温高压燃气的体积膨胀和传热使未燃区气体的温度和压力提高更快，从而使火焰传播速度加大；同时，由于进气涡流也使火焰传播速度增大；② 燃烧依赖于点火装置的正常工作。虽然在封闭气缸中组织混合气燃烧较为容易，但是，由于活塞发动机的燃烧过程是间断的，即每次燃烧时都必须依赖点火装置，使混合气着火。所以，点火装置工作是否正常直接影响发动机的工作，进而影响飞行安全。

一、正常燃烧过程

1. 燃烧过程的 3 个阶段

在讨论四行程发动机的工作循环时，认为混合气燃烧是在压缩行程末期活塞在上死点时瞬间等容情形下完成的。实际上燃烧时间虽然很短，但仍有一个过程，即正常燃烧过程是在压缩行程末期和膨胀过程的初期进行的；若混合气过贫油或过富油，其燃烧持续时间会延长。根据燃烧过程中气体压力的变化可将燃烧过程分为 3 个阶段，如图 2.26 所示。

1）隐燃期

隐燃期是从电嘴开始产生电火花到气体压力显

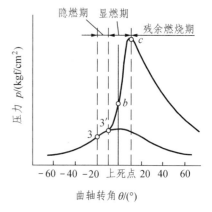

图 2.26　燃烧的 3 个阶段

著增大时的阶段，如图 3 - 3′ 段。隐燃期主要是混合气着火到火源的形成，气缸内气体的压力尚不够高，燃烧后气体的压力变化与气体受压缩后的压力变化大致相同（图中虚线表示的是混合气不燃烧只受压缩时的压力变化情形）。

2）显燃期

从混合气燃烧后气体压力开始显著增大时到气体压力最高时，如图 3′ – c 段。显燃期主要是火焰在整个燃烧室内传播，燃料热能迅速释放，气体压力温度急剧升高的过程。

燃烧的第一、二阶段持续时间总和约为 0.002 ~ 0.005 s。

3）残余燃烧期

从气体压力最高点起，到新鲜混合气全部燃烧完止，如图 2-26 中 c 点以后。

残余燃烧期主要是剩余的新鲜混合气及燃料离解产物的残余燃烧。由于是在膨胀过程中进行，气体体积变大，所以气体压力逐渐降低。

残余燃烧的时间长短，取决于混合气的余气系数和提前点火角。残余燃烧的燃料应控制在混合气中燃料的 6% ~ 8%。残余燃烧的时间过长或残余燃烧燃料过多，会使燃气最大压力值降低，膨胀功减小，发动机性能变差；同时使废气温度升高，引起发动机过热，严重时会损坏发动机。

因此，为了缩短残余燃烧的时间和燃油量，要确保发动机的混合气余气系数适当及点火时刻准确。

吸气式发动机燃烧过程中燃气的最高压力和温度为

$$p_c = 30 \sim 50 \text{ kgf/cm}^2, \quad T_c = 2\,500 \sim 2\,700 \text{ K}$$

增压式发动机燃烧过程中燃气的最高压力和温度为

$$p_c = 50 \sim 100 \text{ kgf/cm}^2, \quad T_c = 2\,600 \sim 3\,000 \text{ K}$$

2. 发动机对燃烧的要求

为了最大限度地利用燃料的热能，提高发动机的功率和改善燃料的经济性，对混合气的燃烧主要有以下要求：

1）燃烧要迅速

燃烧过程进行得越快，火焰传播速度越大，燃气的膨胀功越大；同时燃烧越迅速，发动机散热损失越小，经济性越好。在航空活塞发动机中，燃烧过程的快慢取决于燃烧的第一、二阶段时间的长短，它主要与以下因素有关：

（1）混合气的余气系数。由燃烧的基本知识我们已知道，当混合气的余气系数选择适当时，火焰传播速度可达到最大，从而有效缩短燃烧时间。实践证明，在封闭容器中，汽油与空气混合燃烧时，火焰传播速度与余气系数的关系如图 2.27 所示。从图中可以看出，混合气余气系数为 0.8 ~ 0.9 时，火焰传播速度最大；余气系数偏离这个数值时，火焰传播速度都要减小，当余气系数小于 0.4（称为富油极限）或大于 1.3（称为贫油极限）时混合气便不能燃烧。因此，为了缩短燃烧过程进行的时间，混合气余气系数应选择在 0.8 ~ 0.9 之间。

（2）发动机转速。发动机转速增大时，进入气缸的气体速度越高，进气涡流作用越强，火焰传播速度越大，燃烧时间可缩短。图 2.28 表示的是某发动机火焰传播速度随转速变化的情形。

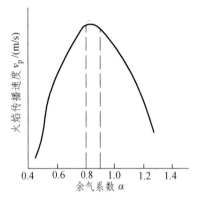

图 2.27　封闭容器中汽油与空气组成
的混和气的 v_P-α 的关系

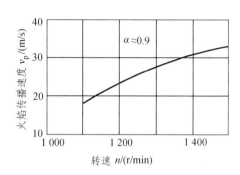

图 2.28　v_P-n 的关系

（3）压缩比。发动机的压缩比越大，气体初温、初压越高，混合气更容易着火；同时，火焰传播速度也可增加。所以，燃烧时间可缩短。

（4）电火花的能量。电嘴产生的电火花能量越大，混合气可迅速被点燃而着火，可有效缩短隐燃期的时间，使燃烧速度加快。

（5）残余废气量。发动机经过一个工作循环后，气缸中的废气大部分可排出，但不能完全清除。这种残留下来的废气量越多，对新鲜混合气的冲淡作用越大，火焰传播速度降低。因此，废气排除得越彻底越好。

所以，影响实际发动机燃烧快慢的因素较多，对使用中的发动机而言，主要受余气系数和发动机转速影响。

2）燃烧要完全

为了充分利用燃料的热能，应使所有参与燃烧燃料的热能全部释放出来。实际上全部释放出燃料的热能是不可能的，但要求释放得越多越好，也就是要求燃料燃烧越完全越好。燃料燃烧的完全程度主要取决于以下两个因素：

（1）混合气的余气系数。在贫油极限内，当 $\alpha > 1$ 时，因有多余的氧气保证燃料及可燃物质的燃烧，最终生成二氧化碳和水，燃料燃烧彻底、完全。

在富油极限内，当 $\alpha < 1$ 时，由于氧气不足，必然存在未燃的燃料及可燃物质，燃烧不完全。

（2）燃烧产物的离解。发动机的燃料都是碳氢化合物，与空气完全燃烧后最终的物质是二氧化碳、水和空气中的氮气及少量的惰性气体：

$$C + O_2 == CO_2$$

$$4H + O_2 == 2H_2O$$

燃烧中生成的燃烧产物，在一定条件下，会产生离解反应。例如水会分解成氢气和氧气；二氧化碳会离解为一氧化碳和氧气：

$$2H_2O \xrightarrow{\text{高温}} 2H_2 + O_2$$

$$2CO_2 \xrightarrow{\text{高温}} 2CO + O_2$$

因而，离解作用使燃烧产物中可燃物质（如一氧化碳和氢气）增多，使燃料燃烧不完全。燃烧产物的离解主要与燃烧产物的温度和压力有关。

① 温度越高，燃烧产物离解作用增强，燃料完全燃烧程度降低。这主要是因为离解反应都是吸热反应，反应进行所需的能量更高的缘故。

② 压力升高，燃烧产物离解作用减弱，燃料完全燃烧程度提高。这是由实验结果得出的。

由此可见，燃烧产物的温度越高或压力越小时，离解程度越大，燃料燃烧越不完全。实验证明：在发动机正常燃烧压力范围内（$25 \sim 100 \ \text{kgf/cm}^2$），如果温度高于 2 000 K，开始发生离解现象；当温度高于 2 800 K，将发生剧烈的离解反应。因此，为了减小燃烧产物的离解，发动机燃气的温度应控制在 2 800 K 以内。

所以，为了提高燃料完全燃烧程度，除余气系数应稍高于 1 外，还应防止发动机燃气温度过高。

（3）燃烧要适时。混合气着火的时机即电嘴跳火的时刻要恰当，点火时刻过早或过晚，都会直接影响发动机的工作。只有在某一时刻点燃混合气，对发动机工作才最有利。

① 提前点火。在压缩行程的末期，活塞到达上死点以前，电嘴就产生电火花点燃混合气，这叫做提前点火，如图 2.29 所示。从电嘴跳火起，到活塞运动到上死点时为止，曲轴所转动的角度叫做提前点火角，用 θ 表示。

试验表明：如果燃烧过程的显燃期燃气压力最大值，出现在曲轴转过上死点 10°～15° 时，发动机功率可以达到最大值。

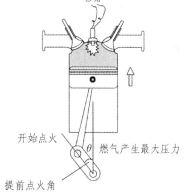

图 2.29 提前点火

从电嘴跳火到燃气压力出现最大值需要 $2 \sim 5$ ms的时间，在发动机实际工作的曲轴转速下（2 000 r/min 左右），这期间曲轴要转过 24°～60°。所以，要使发动机的功率最大，确保燃气压力最大值出现在曲轴转过上死点 10°～15°，发动机必须提前点火。

② 有利提前点火角。提前点火角的选择要适宜，根据实际发动机的工作，使燃气压力最大值正好出现在曲轴转过上死点 10°～15° 时，此时的提前点火角叫做有利提前点火角，用 $\theta_{有利}$ 表示。

若提前点火角选择太小，点火过晚，最大压力值出现时燃气体积已较大，此时最大压力值将减小，燃气的膨胀能力也将被削弱；同时，因燃气未充分膨胀，将使排气温度升高。最终，将引起发动机功率降低，经济性变差及发动机过热，如图 2.28 所示。

若提前点火选择过大，点火过早，此时混合气燃烧的同时还受到活塞的压缩，燃气压力急剧升高，会消耗过大的活塞压缩功，同时，因高温高压燃气不能及时膨胀做功，散热损失增加，膨胀功减小，引起发动机功率减小，经济性变差；因燃气压力、温度上升过早、过快，容易引起爆震等不正常燃烧现象，甚至使发动机倒转或停车。如图 2.30 所示。

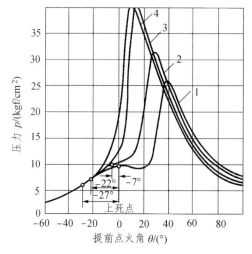

图 2.30　某发动机在不同的提前点火角工作时，燃烧过程中气缸内气体的压力随曲轴转角的变化情形（$\theta_{有利}$为 22°）

1—提前点火角为 0°；2—提前点火角为 7°；3—提前点火角为 22°；
4—提前点火角为 27°

③ 影响有利提前点火角的因素。发动机要求的有利提前点火角的大小不是一固定值，而是随发动机转速和火焰传播速度的变化而变化的。

当发动机转速一定，混合气燃烧的火焰传播速度增加时，燃烧时间缩短，燃烧第一、二阶段曲轴转角减小，所以，有利提前点火角需相应减小。所有增大火焰传播速度的因素，都要求有利提前点火角减小，图 2.31 表明了有利提前点火角随发动机压缩比的变化曲线。

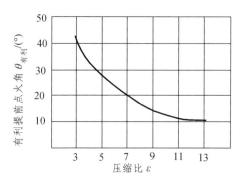

图 2.31　有利提前点火角与发动机压缩比的关系

当发动机转速增加时，一方面，单位时间内曲轴转角增加，要求有利提前点火角增大；另一方面，由于进气速度增加使火焰传播速度变大，又要求有利提前点火角减小。总的来说，有利提前点火角需增大。

对实际发动机而言，影响有利提前点火角的主要因素是转速，有的发动机在点火装置内设置了自动提前点火角调节装置，使发动机在不同转速工作时，都处于有利提前点火角下工作，地面有资格的机务人员也可以根据发动机性能的变化调整提前点火角的大小。

3. 发动机实际使用的混合气成分

为了说明发动机实际使用的混合气成分，我们先总结一下混合气成分对发动机工作的影响。

1）混合气成分对发动机工作的影响

（1）对发动机功率的影响。在前面我们已分析过，当混合气余气系数为 0.8~0.9 时，火焰传播速度最大，活塞膨胀功最大，发动机可获得最佳的功率。当余气系数偏离该值时，火焰传播速度将减小，发动机功率也将减小，如图 2.32 所示。因此，要使发动机发出大的功率，混合气的余气系数应等于 0.8~0.9。这个余气系数值叫做最佳功率余气系数，对应的发动机状态称为最佳功率状态。

（2）对燃油消耗率的影响。根据燃油消耗率的定义，当混合气余气系数改变时，要使 SFC 最低，应在发动机较高功率输出的同时确保燃油消耗量较低。当混合气较为富油时，燃油消耗量较大；当混合气较为贫油时，发动机输出的功率又较小。所以，必然存在某一余气系数值，此时 $SFC = SFC_{min}$，试验表明，如图 2.32 所示，当余气系数 $\alpha = 1.05 \sim 1.10$ 时，$SFC = SFC_{min}$，此时发动机的经济性最好。这个余气系数值称为发动机最佳经济的余气系数，对应的发动机状态称为最佳经济状态。

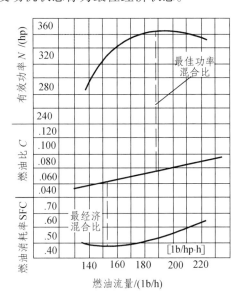

图 2.32　混合比对功率和燃油消耗率的影响

（3）对气缸头温度的影响。发动机气缸头温度是指发动机某气缸内的平均温度，用 CHT 表示。实际多气缸发动机通常测量温度最高的气缸的温度，如图 2.33 所示，排气温度表如图 2.34 所示。气缸头温度是衡量发动机是否过热、发动机工作是否正常的重要参数之一，它的大小主要受混合气的放热量、冷却气缸的空气流量和温度等因素制约。当混合气余气系数改变时，气缸头温度的变化如图 2.35 所示。从图中可以看出，当混合气余气系数 $\alpha = 0.97$ 时，$CHT = CHT_{max}$，这主要是因为 $\alpha = 0.97$ 混合气的放热量最大的缘故，所以飞行使用中，为了防止发动机过热，混合气的余气系数应避开 0.97 这个值。

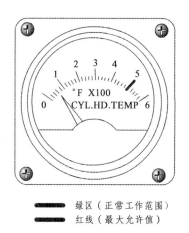

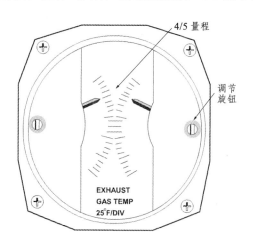

图 2.33　气缸头温度表　　　　　　　　图 2.34　排气温度表

（4）对排气温度的影响。发动机的排气温度是发动机气缸排出的废气的温度，用 EGT 表示。实际多气缸发动机通常在排气短管处测量温度最高的气缸的温度，如图 2.34 所示。排气温度是反应发动机实际燃烧的重要参数之一，它的大小主要受混合气的放热量、燃气膨胀做功情况等因素制约。当混合气余气系数改变时，排气温度的变化如图 2.35 所示。从图中可以看出，当混合余气系数 $\alpha = 1.05 \sim 1.10$ 时，$EGT = EGT_{max}$，这主要是因为 $\alpha = 1.05 \sim 1.10$，一方面混合气的放热量较大，另一方面混合气较为贫油，火焰传播速度较小，燃气膨胀不彻底，最后引起排气温度升高。

由此可见，混合气的余气系数对发动机的性能影响很大，所以，飞行中根据需要适当调整混合气是必要的。然而，需要特别说明的是，目前气缸内混合气的余气系数无法准确测量，只能用一些发动机参数的变化来反应其大小。由混合气余气系数对气缸头温度和排气温度的影响可以看出，当飞行条件和发动机其他参数不变而只改变混合气的混合比，出现 $CHT = CHT_{max}$ 时，对应的混合气余气系数应为 $\alpha = 0.97$；出现 $EGT = EGT_{max}$ 时，对应的混合气余气系数应为 $\alpha = 1.05 \sim 1.10$。由于排气温度基本不受外界条件的影响，混合比改变时反应更为灵敏、准确，所以现代航空活塞发动机都需测量排气温度值（较早的发动机只测量气缸头温度值），在飞行实际中，通常参照排气温度的变化来确定发动机的最佳经济状态和最佳功率状态。

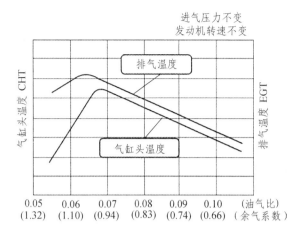

图 2.35　CHT、EGT 与余气系数的关系

2）发动机在不同转速下使用的余气系数值

由于发动机功率、燃油消耗率、气缸头温度都与余气系数密切相关，所以飞行使用中，应根据发动机实际的状态，调整混合气的余气系数，从而满足飞行性能要求。

发动机大转速工作状态，一般用于飞机起飞、爬升和复飞，此时需要发动机发出较大功率。所以余气系数应为最大功率余气系数，一般设置为 0.85 左右，即可保证发动机输出较大功率，同时较为富油的混合气也可防止发动机过热。

发动机中转速工作状态，一般用于飞机巡航，是发动机工作时间最长的一种状态。此时需要发动机工作稳定、安全，同时具有较好的经济性。余气系数一般设置为 0.9～1.0。

发动机小转速工作状态，一般用于飞机下降、着陆及地面滑行。由于此时进气量较少，而残余废气量变化不大，废气冲淡严重。所以，为了保证发动机小转速工作状态的稳定，余气系数应设置为 0.7～0.8。

发动机的余气系数值随发动机转速的变化曲线如图 2.36 所示。

需要说明的是，这里介绍的不同转速下使用的余气系数值是一般的规律，对于具体的发动机，应根据其特点和实际性能，来确定实际使用的余气系数值。

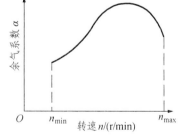

图 2.36　α-n 的关系

二、混合气的不正常燃烧

混合气的不正常燃烧是指破坏发动机正常工作的一些燃烧现象，如过贫油、过富油燃烧，早燃和爆震燃烧等。这些不正常燃烧现象的发生，将会引起发动机工作不正常，不但影响发动机功率和经济性，严重时还可损坏机件，造成事故，危及飞行安全。因此，

学习燃烧过程，还必须了解混合气不正常燃烧的现象，分析其产生的原因，从而找出预防的方法。

1. 混合气的过贫油或过富油燃烧

如果混合气的余气系数 $\alpha > 1.1$，则为过贫油燃烧；如果混合气的余气系数 $\alpha < 0.6$，则为过富油燃烧。在发动机的实际使用中，因燃油系统故障，飞行员使用不当，特定的气象条件等原因，发动机会出现过贫油或过富油燃烧现象。

1）过贫油燃烧时的现象和危害

（1）发动机功率减小，经济性变差。混合气过贫油燃烧时，混合气放热量和火焰传播速度都减小，燃气的膨胀做功能力被削弱，燃气膨胀不彻底，热损失增加。所以发动机功率减小，经济性变差。

（2）气缸头温度降低。我们知道，混合气余气系数稍小于 1（0.97）时，气缸头温度最高，偏离此值气缸头温度都会降低，所以混合气过贫油燃烧时，气缸头温度降低。

（3）发动机振动。混合气过贫油时，由于混合不均，不同气缸、不同工作循环、同一气缸的不同区域，其贫油程度都不相同，从而引起燃气压力大小不等，作用在曲轴上的力不均匀，引起发动机振动。

（4）排气管发出短促而尖锐的声音。由于火焰传播速度的减小，残余燃烧持续时间延长，一部分混合气在排气过程尚在燃烧，流过排气管时便会发出短促而尖锐的声音。如果在夜间，还可看到在排气管口冒出脉动的淡红色（或淡黄色）的火舌，这表示混合气流出排气管时还在燃烧。

（5）汽化器回火。汽化器式发动机，混合气过贫油燃烧时，火焰传播速度减小，小部分混合气在排气过程后期，进气门已打开时，还在继续燃烧。此时，新鲜混合气会被残余的火焰点燃，如果此时的火焰传播速度大于进气管内气流流速，火焰就会窜入进气管，沿管路一直烧到汽化器。这种现象，叫做汽化器回火。严重时可能造成火灾。

一旦发生汽化器回火，应立即前推油门杆开大节气门，使进气气体流速增加，将火焰吸入气缸，消除回火。

发动机在低温条件下起动时，由于大气温度和发动机温度低，汽油不易汽化，混合气容易过贫油；同时因转速低，进气管内气体流速小。在这种情况下，火焰传播速度容易大于气体流速，形成汽化器回火。所以为了防止这种现象的发生，起动注油时应稍多些。

发动机过富油燃烧时，由于燃气温度较低，此时火焰传播速度更小，一般不可能大于进气气体流速，所以不容易发生汽化器回火。

例如，1989 年，某单位一架初教机在进行本场起落航线训练时，当飞机起飞高度至 50 m 时，发动机突然发出"嘭、嘭"的响声，随之发动机空中停车。飞机在迫降过程中挂断了 3 根高压线，飞机失去控制后坠毁在稻田里，造成 3 人死亡、1 人重伤的一等飞行事故。经调查，事故原因是因为飞机燃油油箱设计不合理，致使油箱中水分沉积，造成较多的积水进入发动机燃油系统，从而导致发动机过贫油熄火停车（事故后该飞机的燃油油箱已改进）。

2）过富油燃烧时的现象和危害

混合气过富油燃烧时，燃料不能完全燃烧，混合气的放热量减小，火焰传播速度减小。所以，发动机功率减小，经济性变差，气缸头温度降低。

与过贫油混合气类似，过富油混合气也存在混合不均，富油程度不一致，最终使气缸内燃气压力大小不等，也会引起发动机振动。

但过富油燃烧与过贫油燃烧比较，过富油燃烧也有其不同的现象：

（1）气缸内部积炭。混合气过富油燃烧时，汽油中的碳不能烧尽，一部分残余的碳就会积聚在活塞顶、气缸壁、电嘴和气门等处。这种现象，叫作积炭。活塞顶和气缸壁上积炭，使导热性变差，散热不良，会造成这些机件局部过热；电嘴上积炭，还会使电火花能量减弱，甚至使电嘴不能跳火；气门上积炭，则可能使气门关闭不严，以致漏气，甚至过热烧坏气门。所有这些，都会使发动机功率减小，经济性变差，严重时还会导致发动机故障。

（2）排气管冒黑烟和"放炮"。过富油混合气燃烧不完全，废气中含有大量未燃或正在燃烧的碳，所以从排气管排出的废气中带有浓密的黑烟，在夜间还可看到排气管口排出长而红的火舌。废气中剩余的可燃物质，在排气管口与外界空气相遇，发生复燃，产生一种类似放火炮的声音。这种现象，叫作排气管"放炮"。不同混合比的混合气燃烧时，排气管口的火苗形状如图 2.37 所示。

（a）$\alpha = 0.85$ 的混合气　　　（b）过富油混合气　　　　　　（c）过贫油混合气

图 2.37　余气系数不同时发动机排气总管火舌的形状

飞行中，若减小功率时收油门过猛，此时节气门迅速关小，空气量骤然减小，而燃油量因系统惯性使其减小滞后，容易造成暂时的混合气过富油，而发生排气管"放炮"现象。所以飞行中，操纵油门要柔和。

2. 早　燃

压缩过程中，如果在电嘴跳火以前，混合气的温度已达到着火温度，混合气就会自行燃烧。这种发生在点火以前的自燃现象，叫作早燃。

早燃的现象、危害与提前点火角过大时类似。早燃发生后，气体压力升高过早，压缩行程消耗的功增大，同时燃气散热损失增加，所以发动机功率减小，经济性变差。对多气缸发动机，如果某些气缸发生早燃，因曲拐机构受力不均匀，会引起发动机强烈的振动。若发动机在小转速时发生早燃，此时曲轴转动惯性较小，过大的燃气压力将会引起曲轴倒转，损坏机件。因此，必须防止发动机产生早燃。

使用中引起发动机早燃的原因主要是气缸头温度过高和气缸内部积炭。气缸头温度过高时，电嘴、排气门等高温机件以及炽热的炭粒，都能使混合气早燃。因此，必须正确使用和维护发动机，确保气缸头温度正常；防止气缸内部积炭。对于压缩比较高的发动机，使用、维护中更应注意。

从早燃发生的特点来看，对于刚停车的热发动机，不能随意扳动螺旋桨。因为此时发动机气缸头温度还很高，如果扳动螺旋桨，气缸中残余的混合气受压缩后可能自燃，使螺旋桨转动起来，有伤人的危险。

3. 爆　震

在一定的条件下，气缸内混合气的正常燃烧遭到破坏，在未燃混合气的局部出现具有爆炸性的燃烧现象，叫做爆震燃烧，简称爆震。爆震时瞬间的火焰传播速度、局部燃气压力和温度都远远超过正常燃烧时的数值，瞬间 v_p 可达 2 000 m/s，局部燃气压力可达 100～120 kgf/cm²，局部燃气温度可达 3 300 K 以上。

1）爆震发生时的现象和后果

（1）发动机内发出不规则的金属敲击声。这是由于爆震燃烧产生的爆震波猛烈撞击气缸壁和活塞顶发出的声音。但往往被发动机的工作噪声所掩盖。

（2）气缸局部温度急剧升高，活塞、气门及电嘴等机件过热或烧损。

（3）排气总管周期性冒黑烟。这是由于某气缸爆震产生的局部高温，使燃烧产物离解，游离出的炭随废气排出形成的。

（4）发动机振动，机件易损坏。这是由于爆震产生的局部高压作用在活塞上，曲拐机构受到强烈冲击而引起的，如图 2.38 所示。

（5）发动机功率减小，经济性变差，转速下降。由于燃烧产物的离解，燃料不完全燃烧；同时热损失增加，热利用率降低，最终引起发动机功率减小，经济性变差，发动机转速下降。

因此，在发动机使用中，是不允许发生爆震的。

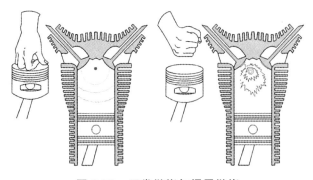

图 2.38　正常燃烧与爆震燃烧

2）爆震产生的原因

目前，关于爆震的理论还不十分成熟，解释爆震比较完善的理论是"过氧化物"理论，其基本论点是：爆震的产生是由于气缸内部未燃混合气在火焰前峰到达以前，其中已经形成了大量的、化学性质活泼的过氧化物的缘故。下面根据这个理论简要阐述爆震形成的过程。

我们知道，发动机中燃料的燃烧是碳氢化合物与氧进行的化学反应。混合气经活塞压缩后，压力温度升高，燃料的氧化已经开始。作为反应所必须的活性中心——过氧化物，已按一定的速度生成，随着混合气压力和温度的升高，过氧化物生成速度也越来越快，其浓度也越来越大。

燃烧开始后，已燃区内的燃气热量增多，压力温度升高。由于燃气压力的升高产生一系列的压缩波，压缩波以音速前进，超过火焰前峰移动的速度（20～30 m/s）而压缩未燃区的混合气；由于燃气温度的升高，热量向未燃区混合气传热。这样未燃混合气由于压缩和传热的作用，压力和温度升高很多，过氧化物大量生成和积累。

当过氧化物生成速度不是很大，浓度还在一定值之内时，气缸内的燃烧仍能正常进行，火焰前峰正常移动，气缸内压力温度均匀。

但是，当未燃区混合气中的过氧化物生成速度很大，浓度积累到一定程度的时候，在火焰前峰未到达之前，未燃区中受到挤压特别厉害的那部分混合气，将发生剧烈的化学反应而自行着火，如图 2.39 所示。这个自燃火焰的传播速度极大，局部燃气的压力和温度急剧上升到很高的值，形成爆炸性燃烧，这就是爆震。

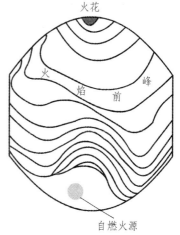

图 2.39　爆震示意图

爆震区的压力和温度很高，气体极度膨胀，产生了强烈的激波，向未燃混合气推进，使未燃混合气受到强压缩而猛烈燃烧起来。因此，强激波后面紧接着的是猛烈的化学反应区，两者合起来都以同一速度在空间移动，就形成了爆震波。即爆震波是强激波与化学反应的合成，它的移动速度可达 2 000～2 300 m/s。

爆震波虽然具有强激波的压缩性质，但两者是不同的。激波是一个单纯的气动力压缩过程，且激波区很薄，气体经过激波后物理化学性质基本不变。而爆震波是一个燃烧的化学过程，波域较厚，其中的过程相当复杂，气体经过爆震波后，物理化学性质已发生了根本变化。

3）燃料的抗爆性

发动机工作时是否发生爆震，与所采用的燃料性质有密切关系。发动机使用某种燃料将会发生爆震，而使用另一种燃料就不易发生爆震。说明燃料具有抵抗、阻止爆震发生的性能。燃料的这种性能叫抗爆性。

燃料的抗爆性与混合气的成分有很大关系。同一种燃料，混合气的余气系数不同，抗爆性不同。通常混合气余气系数 $\alpha = 1$ 时，燃料的抗爆性用辛烷数表示，辛烷数越大，抗爆性越好；混合气余气系数 $\alpha = 0.6$ 时，燃料的抗爆性用级数表示，级数越高，抗爆性越强。因此，发动机燃料的抗爆性，应同时满足余气系数不同时的抗爆性要求，既要有足够的辛烷数，又要具备一定的级数。

（1）辛烷数的意义及测定。

燃料当中，有一种抗爆性很强的燃料，叫异辛烷（C_8H_{16})，将它的辛烷数规定为 100，还有一种抗爆性很弱的燃料，叫做正庚烷（C_7H_{16})，辛烷数定为 0。将这两种燃料按不同的容积比例混合，就可得到各种不同辛烷数的燃料，这些燃料就具有不同的抗爆性。例如，将 70% 容积的异辛烷和 30% 容积的正庚烷混合，得到的混合燃料的辛烷数是 70，等等。因此，辛烷数就是混合燃料中异辛烷所占的容积百分数。

然而，活塞式发动机所使用的燃料是汽油，并不是直接使用上述的混合燃料。那么汽油的辛烷值如何确定呢？汽油的辛烷数是由试验比较法确定的。试验时，将被测定的汽油和上述按某种比例混合燃料的余气系数调整到 1，如果它们都使同一台发动机在相同的压缩比下发生爆震，说明两种燃料的抗震性相同，那么，混合燃料的辛烷数就定为被测定汽油的辛烷数。例如试验后，混合燃料中有 78% 容积的异辛烷，22% 容积的正庚烷，那么被测定汽油的辛烷数定为 78，用符号 RH-78 表示。

由于辛烷数是在余气系数 $\alpha = 1$ 时测定的，它代表的是汽油混合气的抗爆性。但 $\alpha = 1$ 的混合气相对于发动机所使用的混合气成分来说，是在比较贫油的范围，因此，辛烷数可以表示发动机贫油时的抗爆性。

如果汽油的辛烷数低，可加入少量的抗爆剂来提高汽油的抗爆性。铅水（P-9）是经常用的抗爆剂，其中含有四乙铅和溴化物（或氯化物）。铅水加入汽油后，燃烧时，四乙铅与氧化合为氧化铅，能阻止混合气中过氧化物的大量生成，故能提高燃料的抗爆性。但生成的氧化铅呈固体状态，会沉积在气门或电嘴上，使气门关不严或电嘴不跳火。这时铅水中的溴化物（或氯化物）能与固体的氧化铅化合生成气态的溴化铅（或氯化铅），随废气一同排出发动机，消除了固态氧化铅对发动机带来的不良后果。

根据试验，每 1 kg 汽油中：

第一次加入 1 cm³ 的铅水，可提高辛烷数 10 ~ 14；

第二次加入 1 cm³ 的铅水，可提高辛烷数 3 ~ 6；

第三次加入 1 cm³ 的铅水，可提高辛烷数 2 ~ 4；

第四次加入 1 cm³ 的铅水，可提高辛烷数 1 ~ 2。

可见，第一次加入铅水，提高抗爆性的效果最显著，到第四次再加入，汽油抗爆性的提高已不明显，因此，每 1 kg 汽油最多只能加 4 cm³ 铅水。例如 1 kg RH-70 汽油中加入 4 cm³ 铅水，可将辛烷数增到 89，这种汽油可表示为 RH-89。

四乙铅是一种无色的毒性物质，能破坏人的神经和血液，并能在人体中积沉下来。为了识别，在铅水中加入一些颜料，使含铅汽油带上颜色，如黄色、绿色或蓝色等，以引起人们注意。

（2）级数的意义及测定。

辛烷数表示的是 $\alpha = 1$ 时燃料的抗爆性，也就是代表发动机的混合气在贫油时的抗爆性。而发动机大功率时采用的是富油混合气，富油时燃料的抗爆性是用级数来表示的。

在确定汽油级数时，将测定汽油和纯异辛烷分别作为同一台增压发动机的燃料，将两种燃料的混合气的余气系数都调整到 $\alpha = 0.6$，增大进气压力直到发动机刚发生爆震时，记下气缸的平均指示压力（开始爆震时气缸的平均压力）。若发动机用纯异辛烷工作，记得的平均指示压力为 20 kgf/cm^2，若发动机用被测汽油工作时，平均指示压力为 26 kgf/cm^2，那么该汽油的级数为

$$\frac{26}{20} \times 100 = 130$$

可见，汽油的级数就是在不发生爆震的情况下，发动机使用该汽油所能得到的最大平均指示压力与使用异辛烷工作时所能得到的最大平均指示压力的百分比。

汽油辛烷数和级数同时表示汽油的抗爆性时，用分子表示其辛烷数，分母表示其级数。例如辛烷数为 95，级数为 130 的汽油表示为：RH-95/130。通常汽油的辛烷值在 95以上，才表明其级数。RH-70 汽油是没有加抗爆剂的纯汽油。辛烷数大于 70 才加入抗爆铅水。

4）发动机工作状况对爆震的影响

发动机工作状况方面的因素，是指与发动机工作有关的进气压力、进气温度、气缸头温度、发动机转速和提前点火角等。这些因素的变化，会改变混合气中过氧化物活性中心浓度的大小，因而与爆震有直接的关系。以下作具体分析。

（1）进气压力和温度的影响。进气压力和温度过高，混合气被压缩后的压力和温度也就过高，燃烧较晚的那部分混合气产生的过氧化物也会增得更多，容易发生爆震。因此，应防止进气压力和进气温度过高。

（2）气缸头温度的影响。气缸头温度过高，气缸中混合气受热程度大，温度升高得多一些，产生的过氧化物浓度也大一些，容易爆震。因此，必须保持气缸的散热良好，防止发动机温度过高。

（3）发动机转速的影响。在一定的进气压力下，发动机转速增大，气缸内紊流强度增强，火焰传播速度增大，燃烧时间缩短，燃烧较晚的那部分混合气的过氧化物还来不及增加到一定的值，便被烧完，发动机不容易发生爆震。相反，在同一条件下，减小发动机转速，则比较容易发生爆震。

（4）提前点火角。提前点火角过大，混合气边压缩边燃烧，混合气压力和温度升高得快，过氧化物生成积累得多，发动机容易发生爆震。

5）防止爆震的方法

了解到爆震的危害、原因及影响因素，为的是防止爆震的发生。从使用发动机方面来看，防止爆震，可从下述几方面入手：

（1）按规定使用燃料，切忌使用辛烷数和级数低于规定值的燃料。向油箱加油时必须检查所加油料是否符合规定。

（2）操纵使用发动机时，不可使进气温度过高；同时应按规定使用进气压力，使用最大进气压力的时间不超过规定时间。

（3）发动机在小转速工作时，不应使用大的进气压力，以免燃气压力温度过高发生爆震。

（4）发动机温度不能过高，不能超过规定值。发动机在大功率状态下的工作时间不能太长，以免发动机过热。

（5）避免发动机积炭。机件积炭、散热不良容易使混合气局部过热；积炭过多，使燃烧室容积变小，压缩比变大，压力温度增高，都易引起爆震。防止积炭，应使混合气不要过富油。

切实按照上述要求使用发动机，发动机爆震是可以防止的。如果发动机在工作期间一但发生爆震，可采取以下措施：

（1）把变距杆前推，减轻螺旋桨负荷，加大发动机转速。

（2）后拉油门杆，减小进气压力。

（3）加强发动机的散热。

这样可以减弱或消除爆震。

第四节　增压式发动机

增压式发动机的进气系统，比自然吸气式发动机增加了增压装置，可以提高气缸的进气压力，增大发动机的功率。带增压器的活塞式发动机叫做增压式发动机。

在大气中飞行的飞机，随飞行高度增大，大气压力逐渐降低，如果使用的是自然吸气式的活塞发动机，其进气压力亦逐渐降低，进气行程的进气量逐渐减少，发动机的功率逐渐下降。当飞机由海平面升高到 3 048 m（即 10 000 ft）的高度时，发动机的功率大约损失海平面功率的 23% 以上。如果使用增压式发动机，即使在高空飞行，由于增压器可以使进入气缸前的混合气的压力增高到海平面处的大气压力，所以，在高空也能使发动机发出接近海平面时的功率。

增压式发动机一般采用的是离心式增压器来提高进气压力。按照增压装置是否消耗发动机功率，可以分为机械增压、废气涡轮增压或混合型增压。

一、机械增压

大功率星形活塞式发动机多使用发动机曲轴带动增压器，使用这种增压系统的发动机叫做机械增压发动机，这种发动机的进气系统如图2.40所示。油气混合气由汽化器流出，进入离心式增压器，曲轴通过一齿轮系带动增压器转动，使混合气增压后进入气缸。这种增压系统所消耗的功来自发动机自身输出的轴功，为与下面将介绍的废气涡轮增压发动机的增压系统相区别，又把此种增压系统称为内部驱动增压系统，即内增压系统，或者传动式增压系统。

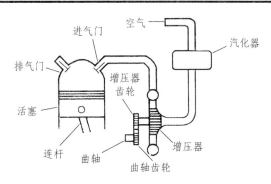

图 2.40　机械增压系统

图 2.41 为离心式增压器，在该增压器中，气体的增压由两步完成：第一步，由高速转动的叶轮将流入中心的油气混合物通过离心力将其加速并沿径向甩向四周；第二步，具有很大动能的混合气流入扩压器，扩压器是由很多弯曲扩压器叶片（静子叶片）组成的静子，任意两个静子叶片间的通道都是截面面积逐渐增大的扩压管，通过扩压管混合气体的动能变为压力势能，使流速减小、压力增大。经过扩压器增压后的气体通过进气系统进入气缸。增压器的尺寸不可能很大，为使尺寸不大的增压器具有较大的增压能力，增压器转子的转速必然要比曲轴转速高得多，所以在曲轴和增压器轴之间备有增速齿轮组，其增速比通常为 6∶1～12∶1，这意味着当发动机转速为 2 600 r/min 时，增压器的转速可能高达 31 200 r/min；或者说，发动机每增大（或减小）100 r/min 时，增压器转速可能增大（或减小）1 200 r/min。为使增压器的工作尽量平缓，在改变发动机转速时应尽量做到柔和操作。

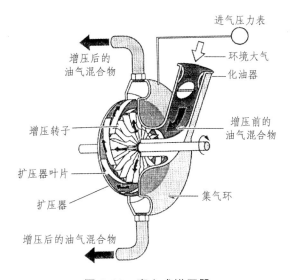

图 2.41　离心式增压器

有的活塞发动机还使用了双速增压器，在低空飞行时使用低转速，在高空飞行时使用高转速。这样的增压系统会使发动机性能进一步提高，但是其结构十分复杂。

二、废气涡轮增压

废气涡轮增压系统也称外增压系统。图 2.42 所示为一个典型的废气涡轮增压发动机的增压系统图。该系统的增压器由废气涡轮驱动，故称为涡轮增压器。

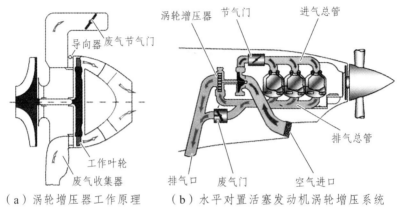

（a）涡轮增压器工作原理　　　（b）水平对置活塞发动机涡轮增压系统

图 2.42　废气涡轮增压系统

废气涡轮有两种类型，向心式涡轮和轴流式涡轮，轴流式涡轮由导向器和工作叶轮组成。废气涡轮安排在活塞发动机的排气道中，发动机工作时，气缸排出的高于环境压力和温度的废气经排气道通过涡轮膨胀做功后再排放到大气中。废气涡轮所做的功，通过连接轴传到增压器，使进入增压器的空气增压，并将增压后的空气送到发动机汽化器或者燃油控制器的进口。因此，这种增压系统也叫做外部驱动的增压系统，即外增压系统。

通过废气涡轮的废气流量决定了涡轮的功率，涡轮输出的功率大小决定了增压器使气体升压的高低。所以，改变增压器的增压比是通过控制废气的流量来实现的。为此，在废气涡轮的前方设有一个控制废气流量的废气门，位于废气收集器上，如图 2.42 所示，其功用是：控制进入废气涡轮的废气流量，调整或保持废气涡轮和增压叶轮的转速。当废气门开度变大，流过涡轮的废气流量减小，废气涡轮和增压器的转速减小；当废气门开度变小，流过涡轮的废气流量增大，涡轮和增压器的转速增大；当废气门全关时，流过涡轮的废气流量最大，涡轮和增压器的转速最高。

废气门的调节方法有 3 种：一是由驾驶员直接通过操作杆来控制；二是将废气门操作杆和油门杆联动控制；三是自动控制。为方便驾驶和使结构简单，还常使用固定式废气门，当然这种废气门的性能不如可调废气门好。

废气涡轮增加了排气系统的阻力，使发动机的功率有所损耗，但增压系统为发动机增添的功率要比因废气涡轮带来的功率损耗大得多。

三、两种增压系统的比较

航空活塞发动机进气系统的两种增压方式各有特点，具体对比如下：

（1）机械增压系统要直接消耗发动机产生的功；废气涡轮增压系统消耗的是废气中储存的能量，这叫做余热利用。虽然废气涡轮增压系统会带来发动机的功率损失，但总的来说，在能量的利用上要优于机械增压系统。

（2）与齿轮传动增压装置相比，废气涡轮增压不需要消耗发动机功率，但是发动机功率和转速较小时，废气涡轮增压效果较差，在关车前需要冷却。

（3）废气涡轮增压系统的结构较为复杂，发动机的加速性也较差。

（4）废气涡轮增压系统应用广泛，小型发动机用得更多。这是因为机械增压系统需要使用笨重且昂贵的齿轮传动系统；同时，现代冶金技术和先进的涡轮设计也为废气涡轮的使用提供了有利条件。

四、混合增压

为了提高增压系统的综合性能，有些大功率活塞发动机还采用废气涡轮-机械增压的两级增压系统。废气涡轮增压器作为第一级，机械增压器（传动式增压器）为第二级，发动机工作时，空气从进气口经过滤后，首先进入废气涡轮增压器，经第一次压缩后，通过中间冷却器降低温度，再进入机械增压器经第二次压缩，最后通过进气管流入各气缸，如图 2.43 所示。

两级增压器增压能力强，在增加空气压力的同时，空气温度也随之提高，从而会提高进气温度，这样会降低进气密度使充填量减少，而且进气温度高还会引起不正常的燃烧，如爆震等现象，故在内、外增压器之间安装有中间冷却器。中间冷却器的功用是降低增压后的空气温度，将进气温度降至保证正常燃烧的要求。中间冷却器使用的冷却介质一般为外界空气。

总体而言，增压式发动机可以增大进气压力，增加发动机的有效功率，改善飞机的起飞性能和发动机的高空性能。但是，由于增压器的增压使气缸的进气温度升高，经过压缩行程使气缸内的气体温度更高，因此，与吸气式发动机相比，增压式发动机更容易发生爆震。所以，增压式发动机使用的燃油，其抗爆性要更好。增压式发动机的气缸进气压力较大，当进气压力过大、发动机转速较小且气缸头温度较高时相对容易发生爆震，因此在长时间持续下降时应注意监控进气压力的变化，避免进气压力过大导致爆震。

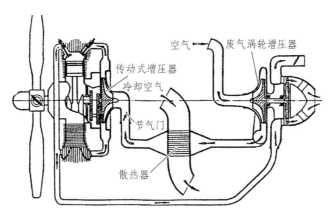

图 2.43　废气涡轮-传动式两级增压系统

【本章小结】

航空活塞发动机可以根据其结构特点，如混合气形成的方式、发动机的冷却方式、气缸的排列方式、空气进入气缸前是否增压、发动机转子是否带有减速器、两行程或四行程等划分成不同类型。对航空发动机的全称应综合其各方面的特点。

航空活塞发动机由主要机件和附件工作系统组成。主要机件是发动机的本体，包括气缸、活塞、连杆、曲轴、气门机构、机匣等（有的大功率发动机还带有减速器），其中活塞、连杆、曲轴连接在一起称为曲拐机构。各机件的工作特点决定了其结构上不同的特点。附件工作系统是发动机工作所必需的有机组成部分，包括燃油系统、点火系统、润滑系统、冷却系统和起动系统。

航空活塞发动机每完成一个工作循环，作为工质的气体则完成了进气、压缩、燃烧、膨胀和排气 5 个热力过程，曲轴转动两圈（720°）。在发动机使用过程中，进气过程和燃烧过程是影响发动机性能最主要的热力过程。多气缸发动机各气缸内的热力过程并非同时进行，而是此起彼伏，按照一定的次序均匀错开。各气缸点火次序根据发动机气缸排列方式不同按照一定的规律依次点火。

新鲜气体充填气缸的过程叫进气过程，目的是使发动机获得工作所需的新鲜气体。为了进一步增加进气量，减轻气门机构的机械撞击，进气门的运动设计成早开晚关。在一次进气过程中，进入一个气缸的气体质量叫充填量。影响充填量的主要因素有：进气压力、大气温度、气体的受热程度、流动损失、发动机转速和气缸内的残余废气量。进气压力是气体进入气缸前在进气管处测得的气体绝对压力，飞行员通过操纵油门杆，调节节气门开度，改变进气压力，从而改变发动机的功率。对于安装恒速螺旋桨的活塞动力装置，进气压力表是发动机功率的主要参考仪表。

废气从气缸中排出的过程叫排气过程。废气排出得越干净，气缸中残余废气越少，充填量越大，有助于提高发动机功率。为了减少残余废气量，减少排气过程消耗的机械能，与进气门相似，排气门也是早开晚关的。

压缩过程是指气体在气缸内被活塞挤压的过程，目的是提高气缸内气体的压力和温度，便于混合气燃烧和膨胀做功。气缸压缩比反应了气体在气缸内受压缩的程度，压缩比越高，气体受压缩程度越厉害，有利于提高发动机功率和改善经济性能，但同时也使发动机爆震倾向增强。

燃烧过程是指混合气在气缸内燃烧放热的过程，目的是使燃料释放热能，提高工质的温度和压力，便于工质膨胀做功，混和气燃烧过程工作的好坏直接影响发动机的功率和经济性，同时也影响发动机工作的稳定性和可靠性。

正常的燃烧过程分为 3 个阶段：隐燃期、显燃期和残余燃烧期。为了最大限度地利用、释放和转换热能，航空活塞发动机要求燃烧要迅速、完全，点火要适时。影响燃烧快慢的主要因素有混合气的余气系数、发动机转速、气缸压缩比、点火能量和残余废气量。影响燃烧完全程度的主要因素有混合气的余气系数和燃烧产物的离解程度。混合气的点火时机要适时。气缸内的混合气是提前点火的，即在压缩行程末期、活塞到达上死点之前电嘴产生电火花点燃气缸内的混合气。点火过早或过晚对发动机工作都不利，适时的点火应该保证气缸内有最大的压力，同时保证最大压力值应该在活塞过上死点后曲轴转 $10° \sim 15°$ 时出现，此时发动机产生的功率最大，经济性最好。对应的提前点火角叫作有利提前点火角。

混合气的余气系数对发动机的燃烧影响较大，当 $\alpha = 0.8 \sim 0.9$ 时，发动机输出功率最大；当 $\alpha = 1.05 \sim 1.10$ 时，发动机燃油消耗率最低同时排气温度最高；当 $\alpha = 0.97$ 时发动机气缸头温度最高。在实际飞行操纵过程中，应根据不同的发动机状态，正确调节混合气的余气系数，满足飞机飞行性能的需要。

常见的混合气不正常燃烧现象主要有：过贫油燃烧、过富油燃烧、早燃和爆震。

混合气过贫油燃烧是指 $\alpha > 1.10$ 时的燃烧现象；混合气过富油燃烧是指 $\alpha < 0.6$ 时的燃烧现象。飞行员应该熟悉其现象和危害，掌握使用中的注意事项。

早燃是在电嘴跳火前混合气自行燃烧的现象。飞行员应该理解其现象和危害，熟悉引起早燃的原因和使用注意事项。

爆震是指在一定的条件下气缸内混合气正常燃烧遭到破坏，在未燃区的局部区域出现混合气具有爆炸性的燃烧现象。飞行员应该熟悉其现象和危害，理解爆震产生的原因以及发动机工作状态对爆震的影响，掌握防止爆震的措施及处置程序。理解辛烷数和级数的意义。

进气系统带增压器的活塞式发动机叫做增压式发动机。增压式发动机一般采用的是离心式增压器，来提高进气压力。按照增压装置是否消耗发动机功率，可以分为机械增压、废气涡轮增压或混合型增压。

增压式发动机可以增加发动机的有效功率，以改善飞机的起飞性能和发动机的高空性能。但是，由于增压器的增压使气缸的进气温度升高，与吸气式发动机相比，增压式发动机更容易发生爆震。所以，增压式发动机使用的燃油，其抗爆性要更好，而且发动机的功率要有一定的限制。同时，增压式发动机增压系统相对复杂，容易产生故障。

机械增压系统要直接消耗发动机产生的功；废气涡轮增压系统消耗的是废气中储存的能量。虽然废气涡轮增压系统会带来发动机的功率损失，但总的来说，在能量的利用上要优于机械增压系统。与齿轮传动的增压装置相比，废气涡轮增压不需要消耗发动机功率，但是发动机功率和转速较小时，废气涡轮增压效果较差，在关车前需要冷却。废气涡轮增压系统的结构较为复杂，发动机的加速性也较差。

复习思考题

1. 航空活塞发动机由哪些主要机件组成？构造上有何特点？
2. 简述四行程活塞发动机的基本工作。
3. 简述九缸星形发动机和六缸水平对置发动机的点火次序。
4. 什么是充填量？影响充填量的因素有哪些？如何影响？

5. 压缩过程的功用是什么？

6. 简述燃烧过程及各阶段的特点。

7. 影响发动机燃烧快慢的因素有哪些？如何影响？

8. 什么是提前点火？目的是什么？

9. 什么叫有利提前点火角？提前点火角过大或过小对发动机有何影响？

10. 混合气余气系数对发动机工作有何影响？发动机在不同转速下为何要采用不同的混合气余气系数？

11. 混合气过贫油燃烧和过富油燃烧有哪些主要现象和危害？

12. 什么是汽化器回火？如何预防和处置？

13. 什么是排气管放炮？如何预防和消除？

14. 什么叫早燃？主要现象和危害是什么？使用中应注意哪些问题？

15. 什么叫爆震？有何特点？主要现象和危害是什么？

16. 使用中如何防止发动机爆震？出现爆震后如何处置？

17. 简述机械增压系统的工作原理。

18. 简述涡轮增压系统的特点。

19. 增压式发动机如何防止爆震？

第三章 航空活塞式动力装置的工作系统

航空活塞式动力装置除发动机主要机件外，还包括各种附件工作系统，用以保证发动机安全、可靠地工作。飞行员对发动机的操纵是通过附件工作系统完成的，操纵是否正确，决定发动机能否正常地工作；操纵是否得当，决定发动机的性能能否充分地发挥出来。航空活塞式动力装置附件工作系统主要包含以下几个系统，即：燃油系统、滑油系统、散热系统、点火系统和起动系统。本章将对上述系统逐一进行阐述。

第一节 燃油系统

航空活塞式动力装置燃油系统的功用是储存燃油，并在所有的飞行状态下向发动机提供适量的、连续的、清洁无污染的航空燃油。即当飞机的高度、状态变化后，或是油门杆、混合比杆移动时，能够保证发动机正常工作。简单地说，燃油系统的功用就是储油、供油和系统工作显示。燃油系统有两种供油方式，一是重力供油，二是油泵供油。重力供油是利用燃油自身的重力从油箱流向发动机。这种供油方式一般用于小功率的上单翼飞机。对于下单翼飞机或大功率的飞机，多采用的是油泵供油方式，即由燃油泵将燃油从油箱抽出并加压后送往发动机。

一、燃油系统的组成和工作

航空活塞式动力装置燃油系统有两种类型，即汽化器式燃油系统和直接喷射式燃油系统。它们的组成基本相似，主要组成部件有：油箱，燃油滤，燃油选择开关，油泵，燃油计量装置，系统显示仪表等。对于直接喷射式燃油系统还包括有燃油流量分配器和喷油嘴，如图 3.1 和图 3.2 所示。

当燃油选择开关选择好供油油箱后，主燃油泵将燃油从油箱中抽出并加压，经过主油滤的过滤送到燃油调节器，燃油调节器根据外界条件（如飞行状态和外界大气温度、压力等）和发动机的工作状态（如发动机的转速、油门杆和混合比杆的位置）计量出合适的燃油量。若是汽化器式燃油系统，计量后燃油和空气在汽化器内混合，然后进入气缸；若是直接喷射式燃油系统，计量后燃油由燃油流量分配器平均分配后送到喷油嘴并到气缸进气门处，进气门打开后随新鲜空气一起进入气缸（有的发动机燃油直接喷入气缸）。

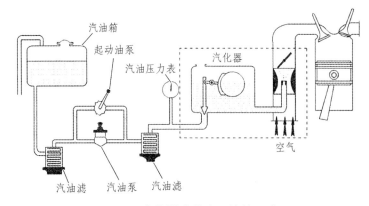

图 3.1 汽化器式燃油系统的组成

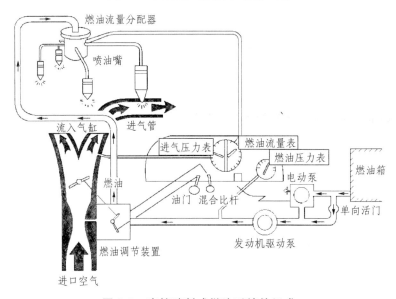

图 3.2 直接喷射式燃油系统的组成

下面先具体阐述供油工作的情况，燃油调节器的工作情况在下一部分讲述。

1. 油 箱

燃油油箱用于储存燃油。通常油箱安装在机翼内，个别飞机的机身中安放油箱。油箱中最低处有放油口，每次加油后和飞行前必须进行放油，检查燃油的牌号（颜色）和油中是否含有水、沉淀等杂物。低于规定牌号的燃油进入发动机后极易造成发动机出现爆震。燃油中的水和杂质进入发动机后可能导致发动机供油中断，温度较低时还有可能使水凝结，这两种情况都会造成发动机停车。油箱中还设有通气孔，使油箱与外界大气相通。油箱通气可以防止飞行中油箱内正压、负压过大，引起供油中断和油箱变形。飞行前检查时必须检查通气孔没有堵塞或损坏。油箱的剩余油量由座舱中的油量表显示。应该注意的是，为了防止油箱中水或沉淀进入发动机供油系统，油箱出口处有一竖管，这将导致油箱中部分燃油不能进入发动机使用，这部分燃油被称为不可用燃油或死油。

因此，必须明确油箱中的燃油不可能全部进入发动机使用，只有可用燃油才能进入发动机。一般在油箱的加油口盖旁边或座舱中的燃油选择开关处标有油箱的可用燃油量（见图 3.3 ）。

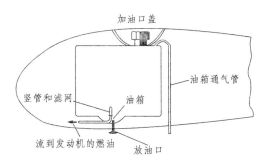

图 3.3　燃油油箱示意图

2. 燃油选择开关

燃油选择开关在座舱中，由飞行员操纵，用于选择供油油箱。通常燃油选择开关标有双组油箱供油、左油箱供油、右油箱供油和油箱关断位。在选择油箱供油时，不能将一边油箱的燃油全部用完后才转换到另一油箱，这样做一方面会造成左右油箱燃油不平衡，带来飞机操纵上的不便；另一方面，会使油泵吸入油箱中空气引起气塞从而导致发动机供油中断，而且气塞形成后，重新起动发动机也很困难。使用中可具体参考相应的飞行手册或按要求进行油箱转换。转换油箱时，最好接通燃油系统的辅助油泵以保证供油稳定。

3. 油　泵

燃油系统的油泵通常有两个，一个是主油泵，一个是辅助油泵。主油泵将燃油从油箱中抽出加压后输送到发动机。这种油泵一般是由发动机直接驱动的，即发动机工作时才工作，发动机停车后就停止工作，飞行员不能直接控制。辅助油泵通常是电动油泵，由座舱中的电门控制。辅助油泵不是在任何时候都工作，当发动机主油泵不工作时，如主油泵失效或发动机起动前注油时才接通。此外，有些飞机为了保证飞行安全，在飞行的关键阶段，如起飞、进近着陆或特技飞行时要接通辅助油泵。

二、直接喷射式燃油调节器的工作

目前使用的大多数航空活塞式动力装置燃油系统中燃油调节装置包括两种类型，一种是直接喷射式燃油调节器，一种是汽化器式燃油调节器。以下简要说明这两种燃油调节器的工作情况。

直接喷射式燃油调节器的功用是根据外界条件和发动机工作状态，自动或人工调节燃油量以适应发动机工作的需要。与汽化器式燃油调节器相比较，直接喷射式燃油调节器的优点主要有：进气系统中结冰的可能性较小；各气缸的燃油分配比较均匀；有较精确的油气比控制，因而发动机的燃油经济性较好；便于寒冷天气的起动；油门响应快，特别是改善了加速性能。但缺点也较突出，热发动机起动比较困难；在炎热天气地面运转时容易形成气塞，因此有的燃油系统中采用电动增压泵来解决这一问题。直接喷射式燃油调节器主要包括主燃油调节器（也叫燃油计量部件）和混合比调节装置。现以本迪克斯公司某种直接喷射式燃油调节器为例说明其工作情况。

1. 主燃油调节器的工作

主燃油调节器根据进气量的多少调节计量燃油。主燃油调节器包括文式管、两个空气室及空气薄膜、两个燃油室及燃油薄膜和与空气薄膜和燃油薄膜相连的球形活门，如图 3.4 所示。

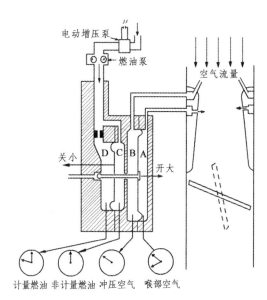

图 3.4　直接喷射式主燃油调节器的工作情况

A、B 室为空气室，中间由空气薄膜隔开，A 室通文式管喉部，与文式管喉部压力相等；B 室通冲压空气，与外界压力相等。C、D 室为燃油室，中间由燃油薄膜隔开，C 室直接通油泵来的燃油；D 室通经过混合比调节器调节后的燃油，两相比较，C 室油压大于 D 室油压。

当空气流经文式管时，在喉部的流速增加，压力下降，则 A 室压力小于 B 室压力，这个压力差使得球形活门开度增加，供油量相应增加。节气门开度越大，压力差也就越大，球形活门开度也就随之越大，供油量也相应越大；反之，节气门开度减小，供油量也随之减小。由于节气门与油门杆相连，当前推或后收油门时，进气量发生变化，供油量也随之发生变化。

2. 混合比调节装置

虽然主燃油调节器根据进气量的多少调节燃油流量，但是，当发动机转速或飞行高度发生变化时，需要更精确的燃油计量。混合比调节装置可以自动或人工对混合比进行精确地修正。下面以人工混合比调节装置为例分析混合比调节的工作情况。

混合比调节器由混合比调节活门、慢车定油孔、连接油门的慢车活门操纵杆和连接混合比杆的混合比活门操纵杆等组成。操纵混合比杆时，经混合比活门操纵杆改变了混合比调节活门的开度。前推混合比杆时，活门开度增加，流到主燃油调节器 D 室的燃油流量增加，混合气变富油；后收混合比杆时，活门开度减小，流到主燃油调节器 D 室的燃油流量下降，混合气变贫油，如图 3.5 所示。当混合比杆收到最后慢车关断位时，燃油流量很小，致使油压降低，不能打开燃油流量分配器上的分油活门，从而使发动机停车。

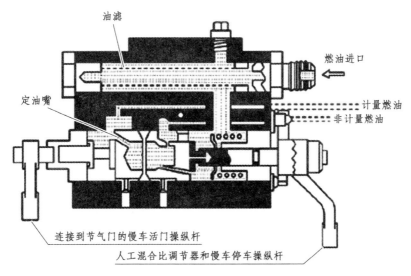

图 3.5　混合比调节装置的工作

3. 燃油压力过大的指示及处置措施

燃油压力过大可能是由于燃油调节器故障或者燃油油路堵塞造成，此时应注意观察燃油流量表，如果发现燃油流量指示下降的话，有可能是燃油油路堵塞，应尽快降落。

三、汽化器的工作

汽化器式燃油调节器是目前航空活塞式发动机使用比较广泛的一种燃油调节装置。其主要优点是结构比较简单，价格便宜，使用中不易出现气塞，热发动机起动性能较好。其主要缺点是燃油分配不太好，混合比不能精确控制，容易出现汽化器结冰现象。汽化器的功用是：根据外界条件和发动机工作状态计量燃油，并将计量后的燃油喷入进气通道中，使燃油与空气形成混合比适当的混合气。

1. 简单浮子式汽化器的工作

汽化器包括浮子式、薄膜式和喷射式 3 种。本节将分析最常用的浮子式汽化器的工作。

简单浮子式汽化器由浮子室、浮子机构（包括浮子、杠杆和油针）、喷油嘴、文氏管和节气门等组成，如图 3.6 所示。浮子室内安装浮子机构，并有通气孔与外界大气相通。浮子机构用来调节汽化器的进油量，使进油量随时等于喷油量。当喷油量大于进油量时，油平面下降，浮子也随之下降，油针因杠杆作用被提起，开大进油孔，使进油量相应增加；反之，进油量小于喷油量时，油平面上升，浮子也随之上升，油针则下降，关小进油孔，减小进油量。因此，浮子机构可保持浮子室内的油平面高度不变。

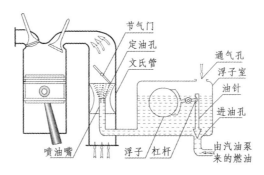

图 3.6　简单浮子式汽化器的组成和工作

喷油嘴安装在文氏管内，与浮子室内的油平面在同一高度上。文氏管后装有节气门，节气门与油门杆相连，操纵油门杆可改变节气门的开度，调节进入气缸的空气量。

发动机工作时，空气流经文氏管喉部时，流速增加，压力降低，以致低于浮子室的空气压力（此处压力等于大气压力）。这样在浮子室与文氏管喉部之间产生了压力差，浮子室内的燃油在这个压力差的作用下从喷油嘴中喷出。燃料喷出后，在气动力的作用下雾化变成细小的油珠，并与空气均匀地混合组成混合气。

喷油嘴喷出燃油的多少，取决于文氏管喉部与浮子室之间的压力差和定油孔直径的大小。对已制成的汽化器，定油孔的直径一定，浮子室与文氏管喉部之间的压力差是随节气门开度的变化而变化的。开大节气门，文氏管喉部流速增加，压力减少，文氏管喉部与浮子室的压力差增加，喷油量增加；反之关小节气门，喷油量减小。由于节气门与油门杆相连，因此操纵油门杆就可以同时改变进入气缸的空气量和燃油量。

2. 浮子式汽化器的辅助装置

当发动机转速增加或飞行高度增加时，简单浮子式汽化器形成的混合气将变得越来越富油（参见图 3.7），不能适应发动机工作的需要。为此汽化器上增设了一些校正设备和辅助装置。某种浮子式汽化器的工作原理如图 3.8 所示。如渗气装置可使汽化器在发动机中转速工作时形成相对贫油的混合气；慢车装置可保证在发动机慢车工作和起动时供给富油混合气；经济装置可保证在大转速工作时，额外增加供油量，向发动机提供所需的富油混合气，同时又不影响发动机中转速时的经济性。此外还有加速装置用来改善发动机的加速性；高空调节装置用来补偿大气温度和压力变化造成的油气比不适应等。

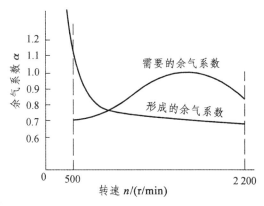

图 3.7　简单浮子式汽化器形成的混合气余气系数与发动机
实际工作所需余气系数随转速变化的情形

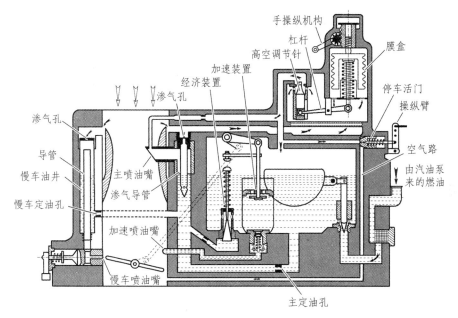

图 3.8　某种浮子式汽化器的工作原理图

3. 汽化器结冰和进气滤结冰

当燃油喷入文氏管喉部汽化时，要吸收热量，使温度降低；空气流经文氏管喉部时，由于流速增加，温度也要降低。这样，燃油混合后的温度可能降到摄氏零度以下，如果空气湿度较大，空气中的水分会在节气门或文氏管壁面上凝结成冰。这种现象叫做"汽化器结冰"。汽化器结冰后，会使文氏管截面面积减小，进气量减少，发动机功率降低。严重时，冰层会把节气门卡住，以致无法操纵；或者冰层脱落下来打坏进气通道内的机件，如图 3.9（a）所示。

在外界温度为 – 10 ~ + 30 ℃，有可见湿气或空气相对湿度较大时，可能出现文氏管结冰，如图 3.9（b）所示。特别是在发动机处于小功率状态且空气湿度较高时，更易出现汽化器结冰，而且在这种情况下，结冰带来的危险性更大。因为此时进气压力小，只有在增加发动机功率时，才可能发现汽化器已经结冰。对于装有恒速螺旋桨的发动机，文氏管结冰时，进气压力将会降低；对于装有定距螺旋桨的发动机，文氏管结冰时，首先是发动机转速将会降低，紧接着是发动机工作不稳定。

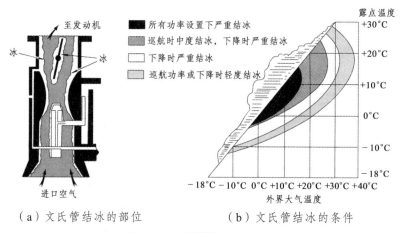

（a）文氏管结冰的部位　　　　　　　（b）文氏管结冰的条件

图3.9　文氏管结冰的条件

　　汽化器上的加温装置可以防止汽化器出现结冰现象，或是将已经凝结的冰融化。有的汽化器加温装置利用热滑油对文氏管加温，或者利用发动机排出的废气对进入汽化器的空气加温，如图3.10（a）所示。还有的汽化器加温装置直接将散热后的热空气引入进气通道，提高进入汽化器的空气温度，如图3.10（b）所示。汽化器加温装置由座舱中的加温手柄控制。有的飞机座舱中有混合气温度表用来指示汽化器加温的程度。

　　使用汽化器加温后，由于空气温度升高，进气量会减少，使发动机的功率有所减小，工作温度有所升高，同时进入气缸的混合气偏富油。如果空气温度太高，还可能引起早燃、爆震等不正常燃烧现象。因此，一般在飞机起飞时或发动机正常运转时，不用汽化器加温装置（可参考具体飞机的飞行手册）。

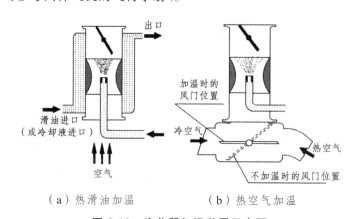

（a）热滑油加温　　　　　　　　（b）热空气加温

图3.10　汽化器加温装置示意图

　　进气滤结冰是指发动机进气装置前缘或进气滤网上结冰。进气滤结冰后，一般会造成发动机功率损失，严重时会使发动机失效。若发动机安装的是恒速螺旋桨，当进气滤结冰后，会使进气压力下降；若发动机安装的是定距螺旋桨，进气滤结冰时，发动机转速会下降。通常情况下，进气滤结冰的条件与飞机机翼表面结冰的条件相同。有的发动机装备有备用空气源，当进气滤结冰（或是要防止进气滤结冰）时，可使用备用空气源。备用空气源可直接利用发动机散热后的空气，或是利用发动机排出的废气对冷空气进行加温后再进入发动机。由于使用备用空气源后进入发动机的是热空气，这样会使发动机的功率稍有损失。

4. 汽化器回火

燃油喷入汽化器后，在通道中形成了新鲜混合气，若火焰混合气过贫油燃烧，火焰传播速度很慢，在排气过程快结束时，进气门已经打开，气缸内还有小部分混合气在燃烧，下一工作循环进入的新鲜混合气就会被残余的火焰点燃。如果这时的火焰传播速度大于进气通道内的混合气流动速度，火焰就会窜入进气通道并一直烧到汽化器，这种现象叫"汽化器回火"。汽化器回火现象一般很少发生，但严重时可能引起火灾。

在低温天气条件下起动发动机时，由于发动机温度低，燃油不易蒸发，混合气易形成过贫油；同时起动时进气速度小，故易产生汽化器回火现象。当出现汽化器回火时，可立即前推油门，将火焰吸入气缸，消除回火现象。

四、燃油管理

1. 燃油的基本知识

1）燃油的分类和等级

飞机燃油大致有 3 种：航空汽油、航空煤油和航空柴油。

具有点火系统的传统航空活塞发动机使用的燃料是航空汽油，而航空燃气涡轮发动机使用的是航空煤油，有些活塞式发动机（也称为"往复式发动机"）还可以使用航空柴油和航空煤油的混合物。

航空汽油被分为 3 个等级：Avgas 80、Avgas 100 和 Avgas 100LL，牌号的高低反映燃油的抗爆震能力的高低。低于规定牌号的航空汽油进入发动机后极易造成发动机爆震。不同牌号的航空汽油颜色不同，如轻型飞机使用的 100LL 牌号的汽油呈蓝色，LL 表示低铅（Low Lead）；100/130 牌汽油为绿色。国内由于航空汽油品种单一，所以并未用不同颜色加以区分。牌号中的数字表示汽油的抗爆性能，分子为辛烷值，分母为级数，如表 3.1 所示。

表 3.1　航空汽油的牌号

燃油名称	牌号	颜色
航空汽油	100LL	蓝
	115	紫
	100/130	绿
	80/87	红
航空煤油		无色

2）航空汽油的要求

航空活塞式发动机正常使用的燃油是航空汽油。航空汽油是碳氢化合物，其中含有某些杂质如硫和溶解水等，此外还加有某些添加剂。要使发动机工作经济、安全、可靠，航空汽油的质量是十分重要的。具体来说，对航空汽油有以下一些要求：

（1）其热值要高。燃油的热值包括有低热值和高热值两种。当 1 kg 燃油完全燃烧后，将燃烧产物冷却到起始温度（一般为 25 °C）所放出的热量，叫燃油的高热值。当 1 kg 燃油完全燃烧后，扣除生成物水蒸气的凝结热后所得到的热量，叫燃油的低热值。航空汽油的热值通常是指低热值。燃油的热值高表明在燃烧相同的燃油情况下，可获得更大的发动机功率；或获得相同的功率情况下可降低燃油的消耗。目前航空汽油的热值大约为 43 961 kJ/kg。

（2）汽油的抗爆性要强。即保证混合气在发动机各工作状态下都能正常燃烧，并能适应较高的压缩比和在较高的进气压力下工作。反映汽油抗爆性的参数常用汽油的辛烷值和级数。辛烷值反映其贫油抗爆性，辛烷值越高，表明汽油在贫油状态下抗爆性越好；级数反映其富油抗爆性，级数越高，表明其富油状态下抗爆性越好。汽油中加适量的铅水可提高辛烷值。辛烷值和级数通常在汽油的牌号上表示出来。如 RH95/130，95 表示汽油的辛烷值，130 表示汽油的级数。又如 100LL，100 表示汽油的辛烷值，LL 表示是低铅汽油。

（3）航空汽油的挥发性要适当。既要保证发动机在各种工作状态下形成有利于燃烧的混合气，又不能使供油产生气塞现象。汽油的挥发性是指汽油在一定条件下蒸发趋势的度量。汽油的挥发性过低，油气混合不均匀，混合气的分配也不易均匀，造成发动机起动困难，暖车时间长、加速性能差。挥发性过高时，燃料在燃油系统中容易挥发成气体，使燃油管路中蒸气多而燃油流量减少，甚至造成燃油管路中发生气塞现象，造成发动机工作间断或停车。飞行高度越高，大气压力越小，溶解在汽油中的气体更易逸出，越容易产生气塞。对于装有汽化器的发动机，汽油的挥发性太高，形成汽化器结冰的可能性也会增大。汽油的挥发性通常用"雷德（Reid）蒸气压"表示，航空汽油的雷德蒸气压一般不超过 360 mmHg。

（4）航空汽油的闪点要高、冰点要低。所谓闪点是指在燃油表面出现燃油蒸气以形成可燃性混合气的温度。航空汽油的闪点大约为 – 25 °C。闪点高表明油气混合后不易出现早燃。冰点低，便于发动机在寒冷的天气条件下工作也不会造成使用上的困难。

此外，还要求燃料不易在进气管、气门及其他部件上生成胶状物或沉淀；燃烧后不能形成大量的积炭；不应造成发动机机件腐蚀；燃油的理化性质应该比较稳定，在长期的保管和运输时，不会变质或产生沉淀。

2. 燃油管理

良好的燃油管理是使发动机稳定可靠的工作、充分发挥发动机性能和保证飞行安全的前提。在使用过程中，应该注意以下几个问题。

1）加　油

加油时必须按照规定的加油程序，即飞机应停好，发动机停车，磁电机开关在断开位，飞机上无人员，飞机周围禁止吸烟，必须摆放灭火器材。特别要注意的是，为了防止静电火花引起火灾，必须将飞机、加油设备连接起来并接地，并且在加油时飞机禁止通电。

加油时必须确定所加燃油牌号符合规定要求，不得将低于规定牌号的燃油加入油箱。不能将航空煤油和汽车用汽油加入油箱，加入航空煤油将造成发动机工作不稳定；加入汽车用油后将导致发动机功率输出减少、电嘴积炭严重、发动机容易产生爆震和燃油系统出现气塞引起发动机供油中断。

注意应加入多少油量（特别是油量单位的换算）。转场飞行时应加入足够的燃油（要考虑备用油）。加油后应放油检查油中是否有水和沉淀。对过夜停放的飞机（尤其是寒冷天气条件下）应将油箱加满以尽量减少水在油箱中沉积。

2）飞行前检查

飞行前应检查有无燃油泄漏，油箱有无损坏或变形，油箱通气是否良好。检查油量时不能只看油量表，还要揭开油箱盖目视检查燃油量。需要提醒的是，目视检查油量后，必须把油箱盖盖好拧紧，因为油箱盖通常在机翼的上表面，在飞行中处于低压区，若未拧紧，燃油很快就会漏光。

燃油中的水和杂质进入发动机后可能导致发动机供油中断，温度较低时还有可能使水凝结，这两种情况都会造成发动机停车，所以对燃油污染情况的检查尤为重要。每次加油后和飞行前必须在所有的放油口（油滤放油口和油箱放油口，如图 3.11 所示）放油，以检查燃油的牌号（通过颜色识别）和油中是否含有水、沉淀等杂物。如果发现有水污染，根据具体情况做如下工作：

（1）及时通告机械师。

（2）油箱放油，直至水污染全部泄出。

（3）摆动机翼以使油路中的污染水尽量都沉积到放油口。

（4）从各放油口放油以检查水污染的程度。

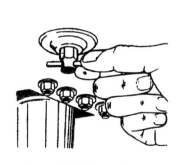

（a）油箱底部放油口　　　　（b）油滤放油口

图 3.11　放油口

3）转换油箱供油，防止汽锁

对应多油箱供油的发动机，如果将一个油箱的燃油用光再切换到其他油箱，可能会将大量空气引入油路。燃油系统的油泵多为离心泵或齿轮泵，由于气体难以密封，大量空气进入油泵中可能导致严重的内泄漏，即油泵转动但是无法吸油，这种现象称为汽锁。对于无交输供油装置的燃油系统，巡航飞行时应交叉使用左右油箱的燃油，不能在一边油箱的燃油用完后再转换到另一边的油箱，这样极易造成汽锁，导致供油中断。装有电动增压泵的还应将此泵接通保证供油稳定。在起飞、着陆阶段或低空飞行时，不要立即进行不必要的油箱转换，有电动泵的应该接通（可参考具体飞机的飞行手册）。

4）混合比的设置

混合比的设置对保证发动机稳定可靠的工作、发挥发动机的性能有十分重要的意义。起飞阶段的富油混合气可防止发动机过热和爆震；爬升到一定高度后应适当调贫油以防止过富油燃烧；巡航阶段调整混合比可获得最佳的燃油经济性和最佳功率；适当调节混合比可调整发动机工作温度和滑油温度。

以下实例可以表明燃油管理的重要性。

某日，一架装备单台涡轮增压活塞发动机的飞机准备飞越洛基山，飞机起飞后向东爬升到 6 600 m 以便越过有结冰危险的浓积云层，在这一过程中，飞行教员将燃油选择开关转换到一个外侧油箱，此时发动机出现间歇性停车。机组按照飞行手册要求进行处置，最终起动了发动机，但飞机高度已降至 5 700 m，进入云层并开始结冰。随着高山出现在飞机下面，飞行员发出紧急信号，并幸运地接收到雷达引导，安全降落在最近的机场。随后的检查表明，外侧油箱是空的，从外侧油箱到发动机的燃油管路中存在汽锁现象，从而导致发动机停车。由此可见，飞行前检查油箱油量十分重要；另外，对于无交输供油装置的燃油系统，用干一个油箱的燃油再转换油箱对飞行安全是非常不利的。

第二节　滑油系统

发动机内部相互接触的机件作相对运动时要产生摩擦，机件的摩擦，不仅会降低发动机的功率，还会引起机件磨损和过热，致使发动机的寿命缩短，甚至损坏。航空活塞式动力装置滑油系统的功用就是把足够的、黏度适当的清洁滑油循环不息地输送至各摩擦面上，使发动机机件得到良好的润滑和冷却，以减小发动机的摩擦功率，减轻机件的磨损和避免机件过热，提高发动机的功率，增长发动机的使用寿命并保证发动机的正常工作。此外，输送至机件的滑油还能防止机件锈蚀，还能提高胀圈与气缸内壁之间的气密性，改善发动机的工作效率。对有的航空活塞式动力装置，滑油还用来进行螺旋桨变距。

一、发动机机件的润滑方式

发动机机件的润滑方式有 3 种，即泼溅润滑、压力润滑和喷射润滑。下面分别加以介绍。

1. 泼溅润滑

借转速较大的旋转机件（如曲轴等）将滑油泼溅到摩擦面上的润滑方法叫做泼溅润滑（见图 3.12）。在发动机机匣内部装有一定数量的滑油，当发动机工作时，借助于曲轴的转动不断地将滑油向四周甩出，使滑油在机匣内部泼溅成细小的油滴，从而润滑气缸、活塞、连杆、曲轴等部件。润滑后的滑油直接落入机匣。

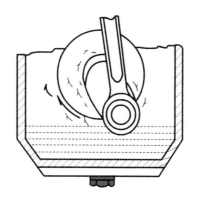

图 3.12　泼溅润滑示意图

这种润滑方法的特点是系统比较简单，但对机匣外部的机件和附件无法润滑，而且由于无法使滑油过滤，滑油容易变脏，滑油温度受发动机工作温度的影响较大，冷却效果和润滑效果较差。在飞机突然加速、大坡度盘旋、上升飞行时，采用这种方法无法保证有效的润滑。

2. 压力润滑

滑油经油泵加压后，沿专门的油路流至各摩擦面上去的润滑方法叫做压力润滑。

为了使滑油在发动机内部循环流动，润滑后的滑油用油泵抽回，经冷却和过滤后再送往各摩擦面。采用这种方法，由于滑油压力较高，可润滑的部件多，而且油路上可安装油滤和散热器，能保持滑油的温度和清洁，但压力润滑系统比较复杂。

3. 喷射润滑

滑油经油泵加压后，沿一定的方向从特殊的油孔喷射到机件摩擦面上的润滑方法叫做喷射润滑。例如有的发动机的气缸与活塞之间的润滑和减速器齿轮之间的润滑就是采用的喷射润滑。

实质上，在发动机工作时，各摩擦机件所处的情况是各不相同的：有的机件可以钻滑油通道，有的可以与机匣内的滑油直接相接触，有的既不能钻滑油通道又不能与滑油直接接触，因此，目前航空活塞式动力装置的滑油系统基本上采用几种润滑方式相结合的方法进行机件的润滑和散热。

二、滑油系统的基本组成和工作

航空活塞式动力装置的滑油系统通常由滑油箱或收油池、油泵、油滤、滑油散热器及系统仪表等组成。系统包括两种类型，即干机匣润滑系统和湿机匣润滑系统，下面对这两种类型的工作分别进行阐述。

1. 湿机匣系统的工作

湿机匣系统的滑油直接存储在发动机机匣下盖的收油池内。发动机驱动的滑油泵将滑油从收油池内抽出后加压送入滑油系统主油滤。一个滑油调压活门将滑油压力限制在一定的范围内。经油滤过滤后的滑油进入滑油散热器或旁通活门，若滑油温度较高，大部分须滑油经散热器冷却；若滑油温度较低，则大部分滑油经过旁通活门不散热。滑油散热器利用发动机外的空气（外界大气或发动机散热后空气）与热滑油进行热量交换从而降低滑油温度。有的滑油散热器还可通过操作座舱中的电门人工操纵散热器风门控制散热空气量。经过调温调压后的滑油进入发动机内进行润滑。滑油润滑机件后自由落入机匣下部的收油池内，如图 3.13 所示。

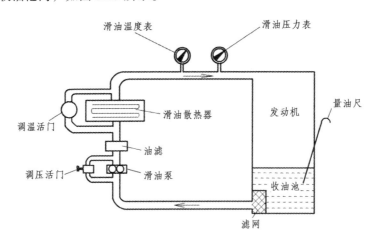

图 3.13　湿机匣滑油系统的工作

湿机匣润滑系统多用于水平对置式活塞发动机，星型发动机和特技飞行用的发动机不用湿机匣润滑系统。

2. 干机匣滑油系统的工作

星型活塞式发动机和特技飞行用的活塞式发动机一般多采用干机匣滑油系统。

干机匣滑油系统与湿机匣滑油系统的组成和工作基本类似，不同之处在于干机匣系统有一个外部滑油箱，需要滑油回油泵，滑油不是在进入系统前调温而是在润滑机件后调温。即滑油完成润滑和冷却工作后由回油泵抽出送到散热器冷却后再回到滑油箱，如图 3.14 所示。

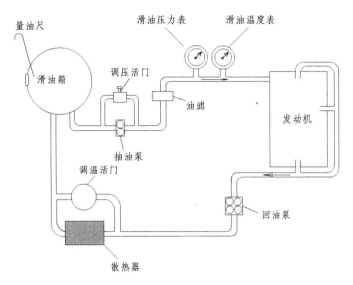

图 3.14　干机匣滑油系统的工作

三、滑油系统的监控

为保证发动机安全、可靠地工作，飞行员需要对滑油系统进行监控。通常监控的参数是滑油消耗、滑油温度和滑油压力。

1. 滑油消耗

滑油在正常的循环工作过程中会不断地消耗。滑油消耗的原因有 3 条：一是活塞在作往复运动时，有部分滑油进入气缸被烧掉，这是主要的一个原因。转速越大，进入气缸烧掉的就越多。二是有部分滑油呈雾状和蒸气状态从通气管逸出。三是滑油受高温的作用，有一部分被氧化和分解，变成了胶状物质和沉淀物，附着在机件上或沉淀在滑油系统中。

滑油消耗的多少一般用滑油消耗率来表示，所谓滑油消耗率是指发动机单位时间产生单位功率所消耗的滑油量。发动机在一段时间内正常稳定的工作过程中，滑油消耗率基本稳定。如果发现滑油消耗量突然变大，则应仔细检查发动机或滑油系统是否有泄漏或严重磨损。因此，在每次飞行前应检查滑油量。航空活塞式动力装置滑油系统中滑油箱储存的滑油量一般在座舱中并没有仪表显示，与加油口盖连在一起的量油尺可检查滑油箱中的滑油量。此外，在加油前，为了即保证正常飞行的需要又避免过多的滑油消耗，可根据每次飞行时间的长短确定加油量的多少。

2. 滑油温度

滑油温度的高低主要影响滑油的黏性。温度高，滑油的黏性小，机件之间的摩擦面内不易保持滑油层，摩擦消耗的功率增加；温度低，滑油的黏性大，滑油不易进入机件之间的摩擦面，摩擦消耗的功率也要增加。因此，保持适当的滑油温度是十分重要的。

滑油温度可由座舱中的滑油温度表监控，各种发动机滑油温度变化范围不同，一般的航空活塞式发动机正常滑油温度为 40～120 ℃，使用中应保持滑油温度在绿区范围内。发动机正常使用过程中，下列原因将引起滑油温度异常升高：一是滑油量太少（加油太少或滑油系统泄漏）；二是发动机温度长时间较高，特别是当外界大气温度较高时；三是滑油散热器工作不好或受损。若出现这种情况，可采取调整滑油散热器风门开度、降低发动机功率、加强发动机散热或使混合气更富油一些等方法来降低滑油温度。当滑油温度升高超过高温红线后系统会发出警告信号。

3. 滑油压力

滑油压力一般可表示进入系统进行润滑的滑油量的多少。座舱中由滑油压力表来监控。发动机运转时，为了保证有足够的滑油进入系统工作，滑油压力应保持在绿区范围内（一般为 25～110 PSI）。在发动机起动后 30 s 时间内，必须要出现滑油压力指示，否则要立即停车，在相当寒冷的天气条件下，时间可适当延长至 60 s（可具体参考相应的发动机手册或飞行手册）。发动机正常运转过程中，下列原因将引起发动机滑油压力异常降低：一是滑油量少（加油量少或系统泄漏）；二是滑油泵失效或油路堵塞；三是调压活门失效；四是滑油压力表出现故障。若出现这种情况，应观察滑油温度有无异常，判断是否是仪表故障，如果是仪表故障，可继续飞行，但要密切注意所有的发动机工作仪表；若滑油压力太低同时伴有滑油温度的异常变化，应该就近着陆。当滑油压力降低至低于最低压力限制时，系统会发出警告，此时应立即就近着陆，因为低于滑油低压限制意味着滑油系统故障严重，而且可能很快会失去功率。

第三节　散热系统

由活塞式发动机工作原理可知，混合气燃烧后产生的热量，一部分转变为有效功率输出到螺旋桨；一部分在进、排气过程和压缩过程中消耗掉；一部分由相互运动的机件摩擦转变成热量；还有一部分直接通过机件散热。摩擦转变的热由滑油带走，直接传递到发动机机件的热由发动机散热系统带走。也就是说，发动机的内部散热由滑油系统完成，发动机的外部散热由散热系统完成。因此，散热系统的功用是利用冷却介质吸收和带走气缸壁的部分热量，使发动机工作温度保持在规定的范围内，保证发动机安全可靠地工作。根据冷却介质的不同，散热系统分为气冷式和液冷式两种。气冷式散热系统以空气作为冷却介质；液冷式散热系统以液体（水或防冻液）作为冷却介质。本节阐述现在使用最广泛的气冷式散热系统的工作。

一、发动机散热的必要性

发动机工作时，气缸内混合气燃烧后温度很高（最高可达到 2 500～3 000 ℃），与高温燃气相接触的机件，如气缸头、气门、活塞和电嘴等温度也很高。如果不对发动机进行散热，则极易引起材料强度显著降低，造成机件在很高的机械负荷和热负荷下损坏，如气缸头翘曲、裂纹、活塞烧蚀、气门变形等。同时，因机件变形使得发动机机件运转不灵或漏气、漏油；滑油消耗量增加；还可能引起发动机出现早燃、爆震等不正常燃烧现象。由此看来，必须要对发动机进行散热。

另外，对发动机散热也不能过度。散热过度后发动机工作温度太低，会使发动机功率减小，经济性变差；此外，发动机工作温度过低还会使燃油气化不良，造成加速性能变差，电嘴因温度过低而出现挂油、积炭，导致发动机工作不稳。因此，发动机工作温度应保持在一个适当的范围，不能太高，也不能太低。

二、散热系统的组成和工作

散热系统主要包括气缸散热片、导风板、整流罩和鱼鳞板。下面分别对它们的工作情况进行简要分析。

1. 气缸散热片

气缸散热片通过增加发动机气缸的散热面积来达到散热的目的，如图 3.15 所示。当发动机工作时，气缸各部分受热的程度是不同的，因此各部分的温度也不相同，如图 3.16 所示。为了尽量减小气缸的热应力，使气缸各部分温度大致相同，气缸各部分的散热片面积是不相同的。通常，气缸头的散热片面积比气缸身的要大；排气门附近的散热片面积比进气门附近的要大。

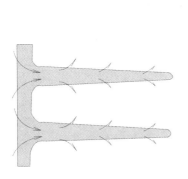

图 3.15　散热片的散热情形

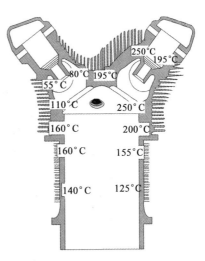

图 3.16　气缸温度的分布

2. 导风板

当散热空气流过发动机时，气缸迎风面的散热较好，而背风面的散热较差；对于直列式发动机，前部气缸的散热较好，而后部气缸的散热较差。为了保证各气缸及各气缸前后面有良好的散热，在气缸的周围装有导风板，用来调整散热空气的流向，从而保证各气缸温度正常，如图 3.17 所示。

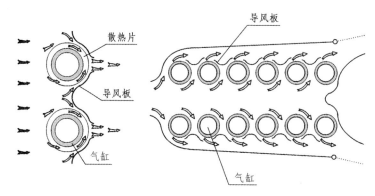

图 3.17   安装导风板后散热空气的流动

3. 整流罩及鱼鳞板

发动机的外形复杂，空气流过发动机时，阻力较大，为了减小发动机的阻力，在发动机的外面都安装了一个整流罩。另外，整流罩配合导风板一起进行散热空气流向的调整，如图 3.17 所示。气缸散热后的空气通过专门的出口排出，有的发动机散热后空气在特殊情况下还可用于对汽化器加温或直接进入气缸防止结冰。

有些飞机在整流罩的出口处装有控制散热空气流通的风门，这个风门叫鱼鳞板。鱼鳞板由座舱中的专用电门控制其开度，从而调整散热空气的流量，以调节发动机的工作温度，如图 3.18 所示。

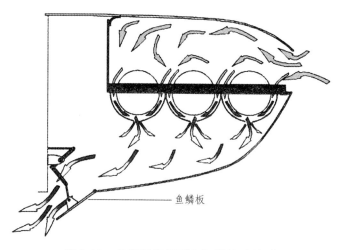

图 3.18   鱼鳞板打开时空气的流动情形

三、气缸头温度的影响因素及调节

航空活塞式发动机工作温度的高低，常用气缸头温度来表示。目前活塞发动机正常工作时的气缸头温度一般为 90 ~ 250 ℃。当发动机工作状态或飞行状态发生变化时，气缸的受热或冷却情况要发生变化，虽然发动机采用了一系列的散热措施，但仍有可能使气缸头温度超出规定的范围。因此，在使用过程中必须注意监控或调节气缸头温度，使之保持在规定的范围内。

1. 影响气缸头温度的主要因素

气缸头温度的高低，主要取决于单位时间气缸内燃气传给气缸的热量和冷却介质带走的热量。如果燃气单位时间传给的热量多，介质带走的热量少，气缸头温度就会升高；反之，如果燃气单位时间传给的热量少于介质带走的热量，气缸头温度就会降低。发动机工作时，影响气缸头温度的主要因素有：进气压力、混合气的余气系数和散热空气流量和温度。

1）进气压力

当进气压力增大时，发动机功率增加，燃气在单位时间内传给发动机的热量增加，发动机的气缸头温度也相应增加，如图 3.19 所示。

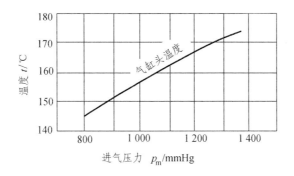

图 3.19　气缸头温度随进气压力的变化

2）混合气的余气系数

混合气余气系数的变化，直接影响燃气燃烧的快慢程度和放热量，从而影响单位时间燃气传给发动机的热量。如图 3.20 所示，当余气系数略小于 1 时，气缸头温度最高，余气系数偏离该值时，气缸头温度都会降低。

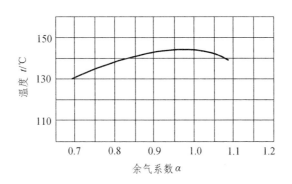

图 3.20　气缸头温度随余气系数的变化

3）散热空气流量和温度

很明显，流过发动机的散热空气流量增加或温度降低后，单位时间内带走的热量增加，气缸头温度就会降低；反之，散热空气流量减少或温度升高，气缸头温度就会升高。

2. 气缸头温度的调节

简言之，散热系统的作用就是保持气缸头温度在规定的范围内。当气缸头温度超过规定范围后，可根据当时的具体情况进行调节。通常情况下，下列几种情况会引起气缸头温度升高：一是在发动机处于高功率状态而飞机的空速较低时（例如起飞、复飞或爬升），气缸头温度较高且容易超出规定范围；二是在混合气处于比较贫油的状态时；三是滑油量太少时。当发动机处于小功率状态而飞机的空速较大时（例如下降），气缸头温度较低而且也容易超出规定的范围。调节气缸头温度，通常采用以下的措施：调整发动机的功率；调节混合气的余气系数；调整散热空气量。上述 3 种方式可视具体情况分别运用或配合使用。例如，在长时间的爬升过程中，气缸头温度较高，可增大鱼鳞板的开度以增加散热空气量；或是减小爬升率以增加空速从而提高散热空气量；或是采用阶段爬升的方式。由于滑油不能流入气缸头对其降温，因此气缸头温较高时可以前推混合比杆，混合比适度富油，令不能充分燃烧的油气给气缸头降温。再如，在下降过程中，若气缸头温度过低，可相应关小鱼鳞板的开度；或是采用阶段下降的方法；甚至可采用带功率下降的方法，以保证气缸头温度在正常范围之内。

第四节　点火系统

要使气缸内的混合气燃烧，首先要使混合气着火。航空活塞式发动机使用的燃料是航空汽油，着火的方式是点燃。现代航空活塞式发动机都是利用高压电产生电火花来点燃混合气的。由于活塞发动机每完成一次循环都需要点一次火，因此，点火系统的工作是否正常，直接影响发动机的功率、经济性和发动机工作的可靠性，关系着发动机的起动能否成功。点火系统对于航空活塞式发动机具有十分重要的意义。

本节主要介绍点火系统的基本组成和工作，阐述磁电机的工作和控制、电嘴的工作以及对发动机工作和性能的影响。

一、点火系统的组成和工作

航空活塞式发动机点火系统的功用是产生高压电并适时地形成电火花点燃气缸中的混合气。为完成这一功能，点火系统需要以下主要附件：磁电机及磁电机开关、电嘴和高压导线，如图 3.21 所示。当发动机工作时，磁电机利用电磁感应原理产生高压电，并适时地将高压电通过高压导线分配到各个气缸的电嘴。电嘴利用高压电产生电火花，点燃气缸中的混合气。

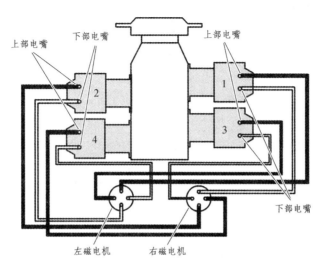

图 3.21　点火系统的基本组成和工作

现代航空活塞发动机通常装备两个磁电机，两个磁电机相互独立地工作，互不影响。每个气缸上装备两个电嘴，每个电嘴由不同的磁电机提供高压电。点火时，两个电嘴同时跳火点燃混合气。这样做的目的，一是提高每个气缸的点火能量，提高火焰传播速度，改善发动机的功率和经济性；二是保证发动机工作可靠。因为一旦某个磁电机发生故障不能产生高压电，另一个磁电机仍能保证使一个电嘴产生电火花，使发动机继续工作。但此时，发动机的功率将会有一定程度的下降。

二、磁电机的工作

磁电机的主要功能是产生和分配高压电，其主要组成部分有：磁路，包括磁铁转子、软铁架和软铁心；低压电路，包括一级线圈、断电器、电容器和磁电机开关；高压电路，包括二级线圈和分电器，如图 3.22 所示。下面分别阐述磁电机高压电的产生、分配和控制。

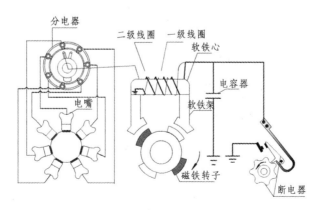

图 3.22　磁电机的组成和工作

1．磁电机产生高压电原理

磁电机产生高压电的原理是利用电磁感应原理首先在一级线圈中产生低压电，然后再利用突然断电的方法在二级线圈中产生高压电。

1）基本磁场的变化和低压电的产生

磁铁转子是一个可转动的永久性磁铁，发动机工作时，由发动机曲轴带动；软铁心和软铁架由具有良好导磁性的硅铁片组成，用来引导磁力线并在软铁心中形成基本磁场。当磁铁转子转动时，它与软铁架的相对位置不断改变，基本磁场也就不断地发生变化。

当磁铁转子的北极正对软铁架的左磁掌、南极正对右磁掌时，由于磁极与磁掌所对的面积最大，磁路的磁阻最小，因而通过软铁心的磁力线最多，基本磁场最强。软铁心中的磁力线方向从左自右。

磁铁转子继续顺时针转动，磁掌与磁极所对面积逐渐减小，磁路中磁阻逐渐增大，越来越多的磁力线直接经过磁掌从北极回到南极。软铁心中的基本磁场逐渐减弱。当磁铁转子转到中立位置时，软铁心中基本就没有磁力线了，基本磁场为零。

磁铁转子继续转动，磁极与磁掌所对面积又逐渐增大，基本磁场又逐渐增强。当磁铁转子的北极正对右磁掌、南极正对左磁掌时，基本磁场又增至最大。但此时软铁心中的磁力线方向与前述方向正好相反，是从右向左。

磁铁转子再继续转动时，基本磁场的大小和方向的变化与上述情形相同，如图3.23所示。

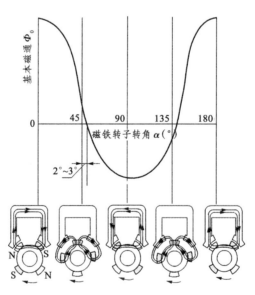

图3.23　磁铁转子转动时基本磁场的变化

由此可见，磁铁转子每旋转一周，基本磁场有2次达到零值并有2次方向的改变。

由于基本磁场的变化，使缠绕在软铁心上的一级线圈和二级线圈都会产生感应电动势。一级线圈的匝数相对较少，感应电动势最大值为30~35 V；二级线圈的匝数多，感应电动势为 2 400~2 800 V，比电嘴产生电火花所需的电压要小得多。

2）高压电的产生

要提高二级线圈的感应电动势，必须要加快软铁心中的磁场变化率。为此，在低压中装备了断电器。当断电器的接触点闭合时，低压电路形成通路，使一级线圈中产生感应电流，交变的感应电流又使软铁心中形成一个新的磁场，即电磁场。此时软铁心中的磁场是交变磁场和电磁场的叠加。当电磁场最大时，断电器接触点断开，使低压电路断开，低压电流中断，电磁场立即消失，软铁心中的磁场立即变为基本磁场。这样，软铁心中的磁场变化率突然增加，使得二级线圈中产生了高压电。此时的电压为 15 000~20 000 V。

当低压电路断开时，由于电磁场的突然变化，不仅在二级线圈中产生了很高的感应电动势，而且在一级线圈中也同时产生了 300~400 V 的感应电动势。其方向与一级线圈中原来的感应电动势方向相反。当接触点断开的瞬间，间隙还很小时，接触点会产生电火花。这样不仅会烧坏接触点，还使低压电流不能立即中断，致使二级线圈中感应电动势降低。为此，在低压电路中并联了一个电容器。断电时，由自感应电动势造成的电流分为两路：一路流向断电器的接触点，另一路流向电容器，使电容器充电。由于电容吸收了大部分的自感应电流，因此接触点不至于产生强烈的电火花。另外，电容放电时的方向与充电时的相反，加速了软铁心中电磁场的消失，从而也提高了二级线圈中的感应电动势。

3）高压电的分配

多缸发动机是按照一定的点火次序进行点火的，因此，磁电机产生的高压电应当按照发动机的点火次序适时地分配到各个气缸，这一工作由分电器来完成。分电器由分电臂和分电盘组成。分电盘上有分电站，分电站的数目与发动机气缸数目相同。磁电机工作时，当断电器接触点断开的瞬间，二级线圈中产生高压电，此时分电臂正好对准分电站。于是，高压电就通过分电臂、分电站和高压导线输送至电嘴。接触点下一次断开时，分电臂又对准下一个分电站，高压电又输送到下一个气缸的电嘴。分电臂旋转一周。各气缸按其工作次序轮流点火一次，如图 3.24 所示。

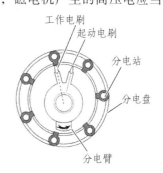

图 3.24　分电器的工作

2. 磁电机的控制

磁电机产生或不产生高压电，由磁电机开关控制。

如图 3.25 所示，磁电机开关是并联在低压电路上的。磁电机开关闭合时，低压电流可通过磁电机开关和搭地线形成通路。当断电器的接触点断开时，低压电流不会中断，软铁心中的电磁场就不会发生突然变化，所以二级线圈中不会产生高压电。当磁电机开关断开时，断电器可以断开低压电流，二级线圈中才能产生高压电。

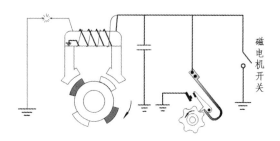

图 3.25　磁电机开关的工作原理

座舱中的磁电机控制电门与磁电机开关的工作正好相反。磁电机控制电门通常标有"左磁电机"位、"右磁电机"位、"双磁电机"位和"断开"位（即"OFF"位）。"左磁电机"位表示左磁电机的开关是断开的，左磁电机可以产生高压电，而右磁电机则不能产生高压电。"右磁电机"位表示右磁电机的开关是断开的，右磁电机可以产生高压电，而左磁电机不能产生高压电。"双磁电机"位表示两个磁电机的开关都是断开的，两个磁电机都可产生高压。"断开"位（即"OFF"位）表示两个磁电机的开关都是闭合的，两个磁电机都不能产生高压电。有的发动机将磁电机电门与起动机电门设计在一起，便于发动机起动时的操作，如图 3.26 所示。

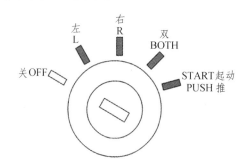

图 3.26　座舱中的磁电机控制电门

3. 磁电机使用注意事项

1）磁电机性能检查

磁电机工作性能的检查目的主要有两个：一是确认两套点火装置及部件工作是否正常，二是确认两套点火系统的同步性是否良好。

磁电机工作性能的检查是在发动机试车时进行。将发动机转速调整到某一较大转速稳定工作后，将磁电机电门从"双磁电机"位转到"左磁电机"位，发动机转速将下降但工作平稳；然后把磁电机电门转到"双磁电机"位，发动机工作稳定后再将磁电机电门转到"右磁电机"位，发动机转速也将下降但工作平稳。两个单磁电机工作时，发动机转速差应在规定的范围内。

单磁电机工作时，由于每个气缸只有一个电嘴工作，燃烧速度慢，发动机的功率有所下降，下降的功率即相当于掉转量。若转速下降太多，说明点火系统有故障。单磁电机工作时，若有发动机抖动现象，说明电嘴工作不好甚至没有工作。因为在双磁电机工作时，即使有个别的电嘴不工作，只要另一排电嘴工作良好，仍可维持正常燃烧，因而不容易发现故障。若两个单磁电机工作时发动机的转速差过大，说明两套磁电机系统的同步性不好。

2）磁电机控制电门的使用

在正常飞行过程中，磁电机控制电门必须放在"双磁电机"位；发动机停车后，磁电机控制电门必须放在"断开位"。单磁电机位只是在发动机试车检查磁电机性能时使用，飞行中磁电机控制电门放单磁电机位将导致发动机功率降低。停车后，若磁电机电门没有放在"断开"位，扳转螺旋桨时极易导致发动机重新起动，造成危险。

磁电机电门关断实验：磁电机电门关断实验的目的是检查磁电机开关的接地线是否良好接地。若接地线没有接地，当磁电机控制电门放"断开"位时，发动机不会停止工作，这说明磁电机电门不能有效地控制磁电机的工作。

实验时，短暂地将磁电机电门放在"断开"位，若磁电机开关接地良好，发动机应停止工作，转速会下降。若转速不下降，则说明磁电机的控制电门失效。需要提醒的是，判明发动机转速下降后，应立即将磁电机电门转回"双磁电机"位，这样可减少发动机"放炮"的可能性。

三、起动时高压电的产生

发动机起动时，由于转速很小，磁电机中二级线圈中的高压电动势不高；另外，由于混合气和电嘴的温度都较低，电嘴需要较高的击穿电压。因此，在发动机起动时，需要特殊的装置来帮助产生高压电。通常采用的装置有3种，即起动线圈、起动振动器和冲击联轴器。

1．起动线圈

起动线圈产生高压电的原理与磁电机的基本一致，也是利用断电的方法使二级线圈中产生很高的感应电动势。所不同的是，起动线圈不是利用一级线圈产生低压电，而是直接从电瓶获得低压电，因此，低压电流的大小与发动机转速无关。如图3.27所示，当发动机起动时，起动线圈的低压电路联成通路，一级线圈中的电流在软铁心中形成电磁场；同时，软铁心磁化后产生很大的磁力吸住弹簧片后，低压电路断开，电磁场迅速消失，这样在二级线圈中就产生了很高的感应电动势，一般为18 000～20 000 V。

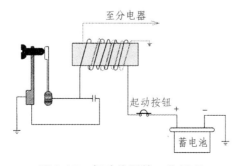

图3.27　起动线圈的工作原理

2. 起动振动器

起动振动器是利用电瓶向磁电机的一级线圈提供低压电的方法，使磁电机产生高压电供起动点火用。

在起动前，振动器的线圈和继电器的线圈没有与电瓶相连，线圈中没有电流，继电器的接触点是断开的，振动器的接触点是闭合的。按下起动按钮时，继电器的线圈与电瓶相连形成通路，软铁心磁化并吸住继电器的弹簧片，使继电器的接触点闭合，从而使振动器的线圈和磁电机的一级线圈与电瓶相连，于是振动器的线圈和磁电机的一级线圈中同时产生电流。此时，振动器的软铁心被磁化后吸住振动器的弹簧片，使振动器的接触点断开。当振动器的接触点断开时，磁电机一级线圈中的电流立即中断，从而使磁电机的二级线圈产生高压电。与此同时，因振动器的接触点断开，振动器中的电流也立即中断，弹簧片便在自身的弹力作用下回到原位，又将最高断电器接触点闭合，再度使磁电机的一级线圈和振动器的线圈与电瓶接通，然后又重复上述过程，直到松开起动按钮为止，如图 3.28 所示。

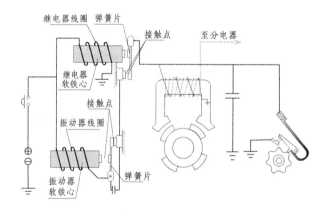

图 3.28　起动振动器的工作原理

3. 冲击联轴器

冲击联轴器的作用是在发动机起动时使磁电机转子在短暂的时间内很快加速，从而使磁电机的二级线圈能够产生高压电。

冲击联轴器主要由主动盘、发条形弹簧、被动盘和离心飞重组成。主动盘由附件传动齿轮带动，内部安装发条形弹簧；被动盘固定在磁电机转子轴上，上面装有两个离心飞重。当曲轴转动时，发条形弹簧被旋紧，大约在活塞到达上死点时，旋紧的弹簧迅速松脱，带动被动盘和磁电机转子轴迅速转动，从而使磁电机的二级线圈中产生高压电，如图 3.29 所示。

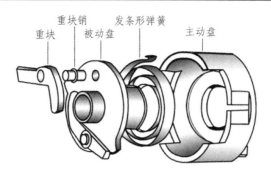

图 3.29 冲击联轴器的组成

四、电嘴的工作

电嘴安装在气缸头上,利用磁电机产生的高压电击穿空气,产生电火花,点燃气缸内的混合气。

1. 电嘴的工作

电嘴主要由绝缘钢心、外壳、绝缘体和隔波套管组成,如图 3.30 所示。钢心杆上部与高压导线相连接,下部焊有中央极;外壳下部焊有 2~4 个旁极,旁极与中央极之间的间隙叫电嘴间隙。当高压电输送到电嘴时,在中央极与旁极之间形成了很高的电位差并使电嘴间隙之间的气体发生强烈的电离,产生电火花。此时,电流便由中央极通过电嘴间隙,经过旁极、气缸,最后回到磁电机的二级线圈。

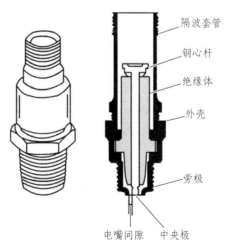

图 3.30 电嘴的组成

电嘴是在极其恶劣的条件下工作的,经常要经受 10 000~20 000 V 高压电和 50~100 kgf/cm² 的高压及 2 500~3 000 K 的高温作用,另外还要承受燃气中所含的硫、碳、铅等物质的化学腐蚀和放电过程的侵蚀。因此,虽然在电嘴的设计和加工制造中采取了一系列的措施来保证电嘴的安全可靠,但在发动机工作过程中还是要注意正确使用。

2. 影响电嘴产生电火花的因素

电嘴的电火花对发动机的功率影响很大，在发动机实际的工作过程中，影响电嘴电火花的因素较多，现对以下的主要方面进行分析：

1）电嘴间隙

如果电嘴的间隙过大，一方面引起电嘴的击穿电压显著增大，造成点火困难，甚至不能产生电火花；另一方面，击穿电压升高后，电路的绝缘性也会变差，磁电机工作的可靠性要受到影响。如果电嘴的间隙过小，将引起电火花的强度减弱，难以点燃混合气。同时还有可能使电嘴间隙处因积炭造成短路而不产生电火花。

在正常情况下，每种电嘴都有其规定的电嘴间隙。但在使用过程中，由于电嘴长期受到侵蚀，间隙会逐渐增大。若电嘴的旁极受到机械碰撞也会引起电嘴间隙变大或变小。

2）电嘴挂油、积铅、积炭和受潮

电嘴上的挂油、积铅、积炭和受潮都是导电的，这样便在电嘴间隙处形成了一个导电的桥梁，相当于与电嘴并联了一个分路电阻。由于有分路电阻的存在，使磁电机中二级线圈的感应电动势降低，电火花的强度减弱。在电阻挂油、积铅、积炭和受潮严重时，分路电阻很小，电阻甚至不能产生电火花。

电嘴的积炭主要是长期过富油燃烧或活塞涨圈磨损，过多的滑油进入气缸燃烧后造成的。使用含铅量较高的汽油或在贫油状态下长时间巡航易造成电嘴积铅。因此在发动机的使用过程中，要注意保证滑油压力正常，防止混合气过富油燃烧，发动机在慢车工作时间不能太长。此外，每次发动机停车前，要按规定程序烧电嘴，用热冲击的方法使电嘴上的挂油、积炭和积铅脱落下来。

3）电嘴温度

要使电嘴正常地产生电火花，电嘴的强度不能太高，也不能太低。一般在发动机工作时，电嘴的适宜温度为 $500 \sim 800\ ^\circ C$。温度太高，不仅使电嘴的击穿电压降低，而且高温电嘴还可能引发混合气产生早燃现象。温度太低，不仅击穿电压会升高，而且还会产生电嘴挂油、积炭，使电嘴火花强度减弱，甚至不能产生电火花。因此，在发动机使用过程中，要注意保持气缸头温度在合适的范围，特别是飞机长时间爬升或小功率下降时。

第五节　起动系统

发动机的起动是指发动机从静止状态加速到慢车或慢车以上的工作状态。发动机从静止状态加速到慢车状态的过程叫做起动过程。起动系统的功用就是在地面或空中一定范围内使发动机稳定可靠地起动起来。起动系统工作的好坏，工作是否可靠，直接关系到飞机能否及时出动，同时对飞行安全也有密切的关系。

一、起动系统的基本组成和工作

1. 起动应具备的条件

要使发动机开始转动，首先必须消耗能量。这种能量消耗主要是用来克服发动机进排气、压缩消耗的功率及各机件摩擦的阻力。因此，发动机必须要靠足够的外部能量才能起动。起动发动机所需的外部能量根据发动机阻转力矩的大小和起动时所需的最小转速来确定。就给定的发动机来说，当大气温度过低时，滑油的黏度较大，阻转力矩增加，起动较困难。为了使发动机在各种情况下能独立地工作和加速，外部能量必须保证曲轴转动两转以上，起动时曲轴的平均转速应不低于 40 ~ 60 r/min，才能使发动机所有气缸充满新鲜混合气并使混合气爆发燃烧，产生足够的功率使曲轴加速到发动机独立工作的转速（90 ~ 150 r/min），然后过渡到慢车转速（500 ~ 700 r/min）。

其次，在发动机起动过程中，曲轴的转速较小，发动机驱动的主燃油泵不能保证起动所需的燃油，因此在起动前一般要用起动油泵（或辅助油泵）先向发动机注油，以便形成所需的混合气。

第三，起动过程中，曲轴转速较小，磁电机不可能产生高压电，电嘴也不可能产生强烈的电火花点燃混合气。另外，起动时，不能像正常工作的发动机那样，提前 25° ~ 30° 点火，而必须在活塞到达上死点后再延后 5° ~ 10° 点火，即在膨胀行程的初期点火，以防止发动机起动不成功引起曲轴在起动时倒转。所以，起动还需要专门的起动点火装置点燃混合气（参见第四节点火系统）。

2. 起动系统的基本组成和起动方式

根据起动所需的条件，起动系统主要由以下部件组成：起动机、起动注油装置、起动点火装置和相应的电气控制部件。在此我们主要阐述起动机的工作。

根据起动时外部能量的来源，起动可分为手摇起动、压缩空气起动和电起动 3 种类型。早期的航空活塞发动机，功率很小，起动较容易，往往用人力就可以起动，最简单的就是直接扳转螺旋桨起动，也就是手摇起动。当然这种方法比较危险。压缩空气起动发动机是在活塞发动机的膨胀行程时将压缩空气直接输送到气缸中推动活塞而使曲轴转动。目前民用航空活塞发动机采用这手摇起动和压缩起动的较少，使用最为广泛的是电起动。

电起动使用的主要设备是电动起动机，与上述两种起动方式比较，电起动最大的优点是简便和经济，而且容许多次起动和便于利用机上或地面电源。除此之外，有的电动起动机上还备有手摇起动设备，可保证在没有电能的情况下也能起动发动机。例如，运-5 飞机的起动机上就备有手摇起动装置，在特殊情况下，可用手摇代替电机使飞轮蓄能。电起动有 3 种方式，一种是电动惯性起动，即起动机的电动机带动飞轮转动，待飞轮达到很高的转速（1 400 ~ 2 500 r/min），储备一定的能量后，电动机关闭，由飞轮经衔接机构再带动发动机曲轴转动。电动惯性起动的特点是电动机及电瓶的负荷较小，起动力矩较大，一般用于功率较大的发动机上。第二种电起动方式是直接起动，即起动电机直接通过衔接机构与曲轴连接，带动发动机曲轴转动，一直到发动机独立工作为止。直接起动的优点是节省时间，能较长时间地带动曲轴转动，保证起动稳定可靠；缺点是电机的负荷较大，起动力矩较小，因此直接起动多用于较小功率的发动机起动。第三种是复合起动，即利用高速飞轮储存的能量，同时还要利用电机共同带动发动机曲轴转动。起动初期，阻转力矩最大，这时由飞轮带动曲轴转动，当飞轮的能量快要耗尽时，电机帮助飞轮继续带动曲轴转动，一直到所需转速为止。这样一来就增加了起动机带动发动机的转数，显著改善了发动机的起动性能，尤其是在寒冷天气条件下。但由于这种起动方式的起动力矩很大，如果发生液锁，损坏发动机的可能性更大。

电动起动机可用飞机电瓶或地面电源的电能，由座舱中的起动手柄或起动开关控制。由于电动起动机起动时电流很大，发热量多，因此电动起动机的连续工作时间一般都有限制，超过连续工作时间的限制会使电机过热甚至烧坏起动电机。通常起动电机的连续工作时间在 10～30 s 之内（各种电机要求不同，可参考相应的飞行手册）。

二、发动机的起动过程

1. 起动前准备

起动前首先解除飞机的系留和罩布，移开飞机周围影响起动的设备和障碍物，同时注意将飞机周围的地面清扫干净，检查应有的地面消防设备。接着进行飞行前检查。对于动力装置，外部着重注意检查燃油（包括燃油油量、燃油牌号。燃油是否受到污染、油箱通气等），滑油（滑油量和滑油通气），螺旋桨等；座舱中注意磁电机电门和总电门是否在关闭位，油门杆、变距杆和混合比杆是否处于所需位置，停留刹车是否设置等。

对于有下部气缸的活塞式发动机，起动前应扳转螺旋桨几转，防止发生液锁造成发动机损坏。所谓液锁的概念是指：当发动机的下部气缸内流入滑油或汽油后，活塞向上死点运动时，由于滑油和汽油占居了一部分气缸的容积，并且不可压缩，使气缸内气体压力大大超过正常情况下的压力，气体就会阻止活塞继续向上死点运动，迫使曲轴停止转动，这种现象就叫做液锁。当液锁现象比较轻微时，曲轴瞬间停止转动，螺旋桨只是突然抖动一下，而后又继续转动起来。发生液锁时，气缸内的气体压力大大超过正常的压力值，气缸、活塞、连杆由于受力过大，可能造成损坏。当液锁较轻微时，仅连杆发生轻微变形，气缸和活塞不会损坏，发动机工作暂时无明显变化。但工作一段时间后，连杆就会因变形产生疲劳而折断。液锁严重时，连杆变形十分严重，甚至折断；活塞上的胀圈会脱落；活塞被打坏；气缸头与气缸身连接处松动，有时甚至会直接使发动机报废。

液锁的严重程度与进入气缸滑油量或燃油量的多少有关，油量越多，则占据的容积就越大，气缸内压力增加就越大，液锁就越严重。

为了防止液锁的发生，使用中应注意在起动发动机前应按规定扳转螺旋桨，以排出气缸内积存的滑油和汽油；发动机长时间停放或扳转螺旋桨比较重时，还需拆下下部气缸的电嘴和进气管排油；起动前注油应适量等。

2. 发动机的起动过程

起动时，接通有关的保险电门；接通总电门并检查电压，电压过低会使起动机功率减小，发动机起动困难。打开油箱开关及有关的电门，完成起动前的最后检查。完成后向地面管制请示，在获得起动许可之后方可进行发动机的起动。正式起动前特别要注意螺旋桨附近有无人员或活动的车辆，而且必须要发出"离开螺旋桨（CLEAR）"的口令。起动时，先利用起动注油装置向发动机注入适量的燃油，注油完毕后应关断注油装置。操纵起动手柄或起动开关起动发动机。发动机起动后，用油门调整发动机至适当转数暖机。

起动时需注意以下几个问题，一是起动前注油应适量；通常是夏天注油较冬天少，热发动机注油较冷发动机少；二是起动后应注意检查发动机仪表，特别是滑油压力，若在规定的时间内无滑油压力应立即停车；三是电动起动机的连续工作时间有限制，超过连续工作时间的限制会造成电机过热或烧坏；四是起动过程中若出现汽化器回火、进气滤回火或其他不正常情况，应根据有关的手册关断处置。

以下以运-5飞机和TB-20飞机为例简要说明发动机的起动过程。

运-5飞机动力装置起动系统由电动惯性起动机、注油筒、起动线圈、起动操纵开关、手拉结合柄和起动继电器等组成，如图3.31所示。

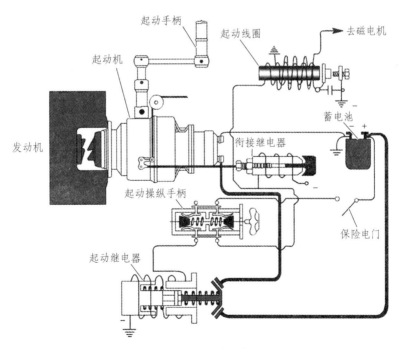

图 3.31　运-5飞机动力装置起动系统简图

发动机正常起动时，首先用注油筒向增压机匣注油，然后打开蓄电池电门、起动保险电门，将起动操纵开关向后拉，这时起动继电器接通电路，电动机即带动起动机内的飞轮旋转，使飞轮蓄能。飞轮蓄能完毕后（大约10 s），再将起动操纵开关向前压。此时，一方面起动继电器断开电路，电动机停止工作（飞轮依靠惯性作用继续高速旋转）；另一方面将通往衔接继电器和起动线圈的电路接通。衔接继电器使结合爪伸出并与附件传动轴结合，带动曲轴转动；同时起动线圈产生高压电，并经右磁电机到各气缸的前排电嘴去点火（不受磁电机电门的控制）。于是气缸内的混合气开始爆发。紧接着接通磁电机电门，发动机即转入正常工作。发动机起动起来后，松开起动操纵开关，起动电路断开，起动完毕。起动完毕后，调整发动机转数至 700 ~ 800 r/min 暖机。

TB-20 飞机动力装置起动系统由电动起动机、起动继电器、起动开关等组成。正常起动时，先打开总电门，将油门放在 1/4 位，变距最前。接着进行注油，即将电动增压泵打开，混合比杆前推并观察燃油流量表上出现显示后，将混合比杆收到慢车关断位，电动增压泵关闭。注油完成后，将钥匙插入磁电机选择器内并右旋至起动位（START PUSH）推入。此时，一方面起动继电器接通起动电路，起动机工作。同时，起动机前部的离合机构使起动机上的小齿轮前移，与起动大齿轮啮合，带动大齿轮转动，从而使发动机曲轴转动。另一方面，冲击联轴器（或起动振荡器）使电嘴跳火点燃混合气。待发动机爆发后，迅速前推混合比杆至最前位，接通燃油油路供油。混合比杆推到最前位的同时松开钥匙，则钥匙自动弹回"双磁电机（BOTH）"位。起动完毕后，应立即检查滑油压力在绿区，同时调整发动机转数到 1 200 r/min 暖机（参见图 3.32）。

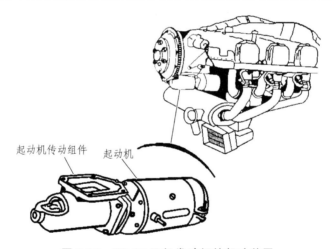

起动机传动组件　起动机

图 3.32　TB-20 飞机发动机的起动装置

3. 冷发动机起动与热发动机起动

所谓冷发动机是指发动机停车后时间较长、气缸温度相对较低的发动机，简称冷发；热发动机是指刚停车后，气缸温度相对较高的发动机，简称热发（有的发动机用某一确定的气缸头温度值来判断究竟是冷发还是热发）。

冷发起动与热发起动有所不同，主要是因为温度的高低对滑油及燃油性能影响较大。对于冷发起动或是寒冷天气条件下的发动机起动，由于温度低，燃油的气化质量较差，起动前注油时应当适当地多注一些燃油。例如，运-5 飞机发动机起动时，冬季注油需 3 ~ 6 次，而夏季注油只需 2 ~ 3 次即可；TB-20 飞机发动机起动时，冷发注油需观察燃油流量出现 3 ~ 5 s，而热发注油只需 1 s 即可。温度低，滑油的黏性大，使发动机起动时的阻转力矩很大，因此起动前可扳转螺旋桨 2 ~ 3 转（此时特别要注意确认磁电机电门在关断位），这样可使发动机运动机件表面的滑油膜破碎，减低起动时的阻力（当然对有下部气缸的发动机，也可防止液锁）。有的发动机还可用汽油来冲淡滑油，以降低滑油的黏性。当然，寒冷天气条件下发动机起动时，滑油压力的上升也比热发起动时慢，一般 30 ~ 60 s。如果是在特别寒冷的天气条件下起动发动机，还需使用专门的加温机对发动机、滑油散热器和螺旋桨的变距缸筒进行加温，在发动机温度上升后，才能进行发动机起动。此外，在寒冷天气条件下，电瓶的电压会有所降低，这对发动机起动也不利。

对于汽化器式活塞发动机，热发起动比冷发起动注油少，也比较容易。但对于直接喷射式发动机，由于发动机停车后整流罩内温度迅速升高，在短时间内燃油系统中会形成较多的燃油蒸气，燃油蒸气和空气进入狭窄的燃油管路中会形成气塞，造成燃油流量减少甚至供油中断，发动机起动十分困难。因此，在起动直接喷射式发动机时，要特别注意起动前供油不能过多，起动前接通增压燃油泵，使燃油管路和燃油调节器油压升高，预防或消除系统中的气塞现象。

三、发动机试车

1. 冷机和暖机

发动机在使用过程中，由于受到各种因素的影响，其性能和工作状态可能发生变化。发动机试车是检查发动机在各种工作状态下的性能和各附件工作的重要方法之一。在试车过程中，应当根据发动机工作的声音和仪表指示，及时发现发动机的性能和工作的变化，掌握规律，判断发动机的性能是否良好，工作是否可靠，以保证飞行安全。

试车前，发动机要进行暖机；停车前，发动机要进行冷机。发动机暖机的目的之一是提高发动机的温度，为汽油的气化提供良好的条件。因为发动机刚起动起来时温度较低，汽油气化不好，如果马上就检查发动机的大功率状态，容易造成混合气过贫油，使发动机振动，加速性也变差；同时在这种情况下试车，试出的结果也不准确。此外，发动机的温度逐渐升高，可避免发动机各机件因温度突然升高、温差过大而损坏。暖机的目的之二是提高滑油温度和电嘴温度，滑油温度提高后可使滑油的黏度适当降低，保证发动机各机件得到良好的润滑；电嘴温度提高后可保证电嘴工作正常。

停车前，如果气缸头温度高于规定值，必须进行冷机方可停车。否则，会因发动机温度的急剧变化引起机件损坏；此外，停车后由于气缸头温度高，滑油变稀，会使发动机内的滑油流到下部，造成下次起动困难。

2. 发动机试车

发动机起动后应立即将转速调整到规定值暖机，当滑油温度、气缸头温度达到规定值，发动机工作稳定后，可进行发动机试车。各种发动机试车的程序和方法各不相同，但主要的试车检查项目大致一样，下面简要说明（具体的检查方法可参考本书有关章节和相应飞机的飞行手册）。

检查变距，判断螺旋桨及变距机构的工作是否正常（参见第四章）。为了不使发动机承受的负荷过大，通常在中转速下进行。

检查点火系统，判断点火系统工作是否正常。通常也在中转速下进行。

检查混合比，检查特定状态下的混合气油气比（如慢车状态、巡航状态或起飞状态），判断混合比调节装置或燃油系统工作是否正常。

检查发动机的最大功率状态，判断发动机在最大状态功率是否足够，发动机工作是否稳定，滑油温度、气缸头温度是否超出规定值。

检查发动机慢车状态，判断发动机在慢车状态下工作是否稳定、可靠。

除上述主要的检查项目以外，针对不同类型的发动机各自还有检查内容，例如，汽化器加温检查、备用进气检查、发电机检查、加速性检查等。

试车过程中，应该有良好的注意力分配，不仅要注意观察发动机仪表的指示，同时还要注意观察飞机及飞机外面的情况，以防意外情况出现。注意发动机在慢车状态工作时间不能过长；检查变距时，不能长时间使发动机处于相对的小转速大进气压力状态；注意有的发动机最大功率状态检查时有时间限制。

【本章小结】

航空活塞式发动机附件工作系统的主要作用有两条：一是保证发动机安全、可靠地工作；二是通过附件工作系统由飞行员对发动机进行有效的控制。活塞式发动机附件系统包括燃油系统、滑油系统、散热系统、点火系统和起动系统。各系统相互配合，与发动机一起协调地工作。

燃油系统的功用是储存燃油并在所有的飞行状态下向发动机提供适量的、连续的、清洁无污染的燃油。目前航空活塞式发动机常用的燃油系统是直接喷射式燃油系统和汽化器式燃油系统。两种类型的燃油系统都是利用文氏管进口与喉部之间的压力差调节供油量，但直接喷射式燃油系统控制燃油更精确，而汽化器式燃油系统起动性能较好。航空活塞式发动机对航空汽油的要求很高，因此在加油、飞行前检查、转换油箱及混合比的设置过程中应该注意加强燃油的管理，保证飞行安全。

滑油系统的功用是把足够的、黏度适当的滑油循环不息地输送至发动机各摩擦面上，使发动机机件得到良好的冷却和润滑。散热系统的功用是保证发动机气缸头温度在规定的范围内。也就是说，滑油系统进行发动机的内部散热，而散热系统进行发动机的外部散热。飞行中应该随时留意监控滑油温度表、滑油压力表和气缸头温度表，使之处于正常范围内。如果滑油温度或气缸头温度超出规定范围，可通过改变发动机的功率，改变散热空气流量来调节温度。

点火系统工作的好坏直接关系到发动机的功率和经济性，对飞行安全意义十分重大。点火系统的功用是产生高压电并适时地产生电火花点燃气缸中的混合气。座舱中的磁电机电门控制磁电机产生高压电，并由分电器适时分配送到电嘴，由电嘴产生电火花。在飞行中磁电机电门必须放在"双磁电机"位；停车后磁电机电门必须放在"关断"位。

当电嘴挂油、积炭、积铅、受潮或是电嘴温度过高或过低时，都会使电嘴跳火能量减弱，从而影响发动机的功率。因此，在飞行前应检查点火系统工作是否正常，停车前应检查磁电机电门并采用热冲击的方法清除电嘴上的挂油和积炭。

起动系统的功用是在地面或空中一定范围内使发动机稳定可靠地从静止状态转入慢车工作状态。目前的航空活塞式发动机多用电起动方式，包括电动惯性起动和直接起动。发动机起动前必须要严格完成飞行前检查和起动前准备。对于有下部气缸的发动机，起动前要注意防止液锁；对于直接喷射式发动机的热发起动，应该注意防止气塞；寒冷天气条件下起动发动机时应先对发动机加温；冷发起动时要适当地多注油。在发动机起动后，按照规定的转速值和时间进行暖机后才能进行试车；停车前，也应该先进行冷机。

复习思考题

1. 燃油系统的功用是什么？直接喷射式燃油系统与汽化器式燃油系统相比有何优缺点？

2. 直接喷射式燃油调节器如何调节燃油量？

3. 汽化器如何调节燃油量？

4. 简述汽化器结冰的现象、危害、条件以及如何防止汽化器结冰。

5. 简述航空活塞式发动机对航空汽油有何要求，使用中如何进行正确的燃油管理。

6. 简述气锁是如何形成的。

7. 滑油系统有何作用？飞行中如何调节滑油温度？

8. 为什么气缸头温度不能过高也不能过低？飞行中如何调节气缸头温度？

9. 简述磁电机产生高压电的原理。

10. 磁电机电门如何控制磁电机产生高压电？使用过程中应该注意什么问题？

11. 影响电嘴跳火的因素有哪些？使用过程中应注意什么问题？

12. 起动应该具备哪些条件？航空活塞式发动机常采用的起动方式有哪些？

13. 什么叫液锁？有何危害？如何预防？

14. 冷发起动与热发起动有何不同？

15. 发动机起动后和停车前为什么要暖机和冷机？

第四章 螺旋桨

第一节 螺旋桨原理

装有活塞式发动机的飞机，都用螺旋桨来产生拉力使飞机前进。有的发动机输出功率后通过减速器后再传到螺旋桨，有的直接输送到螺旋桨。航空活塞式动力装置的螺旋桨包括定距螺旋桨和变距螺旋桨，目前使用较广泛的是变距螺旋桨。本章主要介绍螺旋桨的工作原理、变距螺旋桨的基本工作和调速器对螺旋桨变距的控制。

一、螺旋桨的基本知识

螺旋桨由发动机驱动旋转，其桨叶的剖面形状与机翼的剖面形状一样，如图 4.1 所示。螺旋桨旋转时，桨叶与空气相对运动产生拉力和阻力。下面先介绍螺旋桨的一些基本知识。

螺旋桨主要由桨叶和桨毂组成，如图 4.1 所示。桨毂用来连接桨叶和将螺旋桨固定在发动机输出轴上。桨叶用来产生拉力。一般螺旋桨的桨叶有 2～6 片。

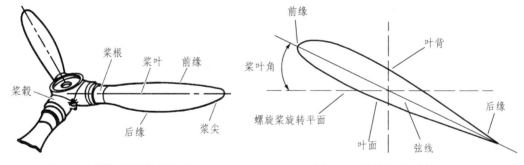

图 4.1 螺旋桨的基本组成   图 4.2 螺旋桨桨叶剖面

螺旋桨桨叶剖面叶型如图 4.2 所示，向上凸起的曲面部分叫叶背，类似翼型的上表面，桨叶平直的一面叫叶面，类似于翼型的下表面。桨叶剖面前后缘的连线叫螺旋桨的弦线，桨叶旋转时所转过的平面叫旋转面，弦线与旋转面之间的夹角叫螺旋桨的桨叶角，桨叶角通常用 φ 来表示；弦线与相对气流的夹角叫桨叶迎角，桨叶迎角通常用 α 来表示，如图 4.3 所示。为了保证桨叶的工作效率，螺旋桨的桨叶有一定的扭转程度，即从螺旋桨的桨根到桨叶尖端，桨叶角逐渐减小，如图 4.4 所示。

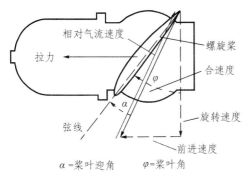

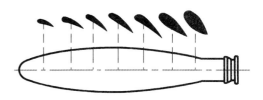

图 4.3　螺旋桨的桨叶角和桨叶迎角　　　　　图 4.4　沿径向桨叶角的变化

二、桨距与滑流

在严格的意义上，螺旋桨桨距是指螺旋桨转动一圈纵向前进的理论距离。桨距和桨叶角描述的是两个不同的概念，然而它们又是密切相关的。如果说一个螺旋桨有固定的桨距，实际上意味着螺旋桨桨叶给定在固定的桨叶角上。桨距和桨叶角存在下述关系，即

$$H = 2\pi R \tan\varphi \tag{4-1}$$

式中　H——桨距；

　　　R——螺旋桨特征截面半径；

　　　φ——特征截面的桨叶角。

几何桨距定义为螺旋桨通过不可压缩介质转一圈前进的距离，没有任何效率损失。所以，桨叶角大，则几何桨距大。几何桨距是从距离桨毂中心至叶尖长度的 75% 点测量的。

有效桨距是指螺旋桨转一圈实际前进的距离。有效桨距从飞机在地面静止时的零到最有效的飞行状态几何桨距的 90% 左右变化。几何桨距和有效桨距之间的差值称为滑流（滑距）（见图 4.5）。任何物体在流体中运动时，必伴随着滑流现象，不但螺旋桨是这样，游泳者在水中用手臂划水、木桨在水中滑动、机动船的尾桨在水中的推进运动等，都伴随有滑流现象。螺旋桨滑流代表由于低效引起的总损失。滑流的大小影响拉力的大小。飞行速度的大小则取决于螺旋桨的有效桨距和转速，即

$$v = \frac{H_{eq}n}{60} \tag{4-2}$$

式中　H_{eq}——有效桨距；

　　　n——螺旋桨转速；

　　　v——飞机飞行速度。

如果螺旋桨有几何桨距 50 in，理论上转一圈它应向前运动 50 in。然而，如果飞机实际向前运动仅 35 in，则有效桨距是 35 in、螺旋桨效率是 70%。在这种情况下，滑流代表 15 in 或 30% 的效率损失。实际上，大多数螺旋桨效率是 50%～85%。

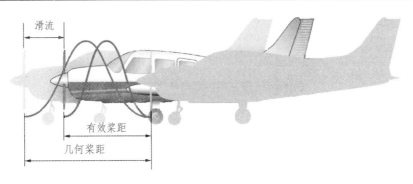

图 4.5   几何桨距和有效桨距

三、螺旋桨拉力

1. 螺旋桨拉力的产生

当螺旋桨运转时，气流流过具有一定翼型的螺旋桨后，会产生一种气动力，叫翼型拉力，类似于固定翼飞机机翼产生的升力，此时会在螺旋桨叶面产生一个高压区，在叶背产生一个低压区。同时由于旋转的螺旋桨对空气做功，压缩空气并推动空气向后排出，受到气体向前的反作用力，叫气动拉力，两种拉力的合力就是气动合力，如图 4.6 所示。气动合力 R 在水平方向的分力 F 即为螺旋桨飞机向前的拉力，气动合力在切线方向的分力 P 是螺旋桨旋转时受到的空气阻力。

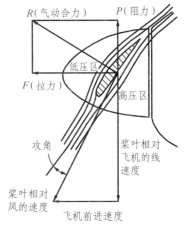

图 4.6   空气流过螺旋桨时产生的气动力

2. 螺旋桨拉力的影响因素

螺旋桨拉力的影响因素比较多，在实际飞行过程中，当飞行环境相对稳定时，影响螺旋桨拉力的主要因素是飞行速度、滑流、转速和桨叶角。

（1）空速的影响。当单位时间排气质量及滑流不变时，随着飞行速度增加，则拉力减小。

（2）滑流的影响。当单位时间排气质量及飞行速度不变时，随着滑流增加，则螺旋桨拉力增大。

（3）转速的影响。当滑流、飞行速度和桨叶角保持不变时，随着螺旋桨转速上升，则单位时间排气质量增加，拉力增大。

（4）桨距的影响。当滑流、飞行速度和螺旋桨转速保持不变，随着桨叶角增加，则单位时间排气质量增加，拉力增大。

四、螺旋桨的性能参数

1. 推进功率和有效功率

螺旋桨旋转时，拉力产生的功率称为推进功率或拉力功率，推进功率等于螺旋桨拉力与飞机飞行速度的乘积。而发动机传递到螺旋桨桨轴上用于驱动螺旋桨旋转的功率称为有效功率或者制动马力（Bhp，详见第五章）。

发动机产生的功率除了驱动螺旋桨之外，还需要克服摩擦阻力，并驱动发电机、燃油泵、滑油泵等附件工作，这些都需要消耗功率，机械增压式活塞发动机带动增压器工作也需要消耗功率。因此，发动机传递到螺旋桨桨轴上的有效功率小于发动机产生的功率。螺旋桨是旋转的机翼，螺旋桨在旋转时既产生使飞机向前的拉力，又产生阻碍螺旋桨旋转的旋转阻力和力矩。因此发动机产生功率转换为拉力的过程，本质上是发动机功率转换成螺旋桨旋转力矩，再转换成使飞机向前飞行的拉力的过程。螺旋桨转速稳定时有效功率反映了螺旋桨旋转的阻力功率，而推进功率反映螺旋桨的拉力功率。

2. 螺旋桨效率

螺旋桨滑流使发动机输送到螺旋桨的功率（即有效功率或制动马力）不能完全转变为螺旋桨拉着飞机向前飞行的有用功率（即推进功率）。滑流现象表现了功率损失，该功率损失是由于螺旋桨转动时，要向后推动空气和扭转空气，要克服空气与桨叶之间的摩擦和涡流所形成的阻力，这要消耗一部分发动机的输出功率。螺旋桨效率就是用来表示这种功率损失程度的。所谓螺旋桨效率，就是螺旋桨产生拉力的功率与发动机传递到螺旋桨桨轴上的功率的比值，即

$$\eta_{p} = \frac{Fv}{N_{e}} \tag{4-3}$$

式中　　η_{p}——螺旋桨效率；

　　　　F——螺旋桨拉力；

　　　　v——飞机飞行速度；

　　　　N_{e}——有效功率。

螺旋桨效率越高，越能将更多的有效功率转化为推进功率。影响螺旋桨效率的因素很多，诸如螺旋桨的几何参数、空气性质等。例如，在低空速飞行时，由于空气密度较大，滑流影响较小，螺旋桨效率较高；在高空飞行时，空气密度较小，滑流影响较大，螺旋桨效率较低。可以设想，在接近真空条件下，滑流影响极大，螺旋桨效率极低，拉力接近于零，无法飞行。

第二节　螺旋桨分类与结构

一、螺旋桨分类

航空活塞式发动机采用的螺旋桨有两种类型，一种是定距螺旋桨，另一种是变距螺旋桨，但目前使用最多的是变距螺旋桨。因此本节对定距螺旋桨只进行简要的说明，主要针对变距螺旋桨进行讨论。

　　定距螺旋桨是指桨叶角已经固定，发动机工作时不能由操作者改变桨叶角的螺旋桨，如图 4.7 所示。这种螺旋桨无变距机构，结构简单，质量轻，一般用在小功率、轻型飞机上。定距螺旋桨通常只有两片桨叶。定距螺旋桨中还分为爬升螺旋桨和巡航螺旋桨两种。爬升螺旋桨的桨叶角较小，因而阻力较小，适合起飞和爬升用，但是巡航时螺旋桨效率较差。巡航螺旋桨的桨叶角较大，因而阻力也较大，在巡航时的螺旋桨效率较高，但不适合起飞和爬升。装备有定距螺旋桨的发动机，功率指示常用转速表，因此，油门杆直接控制的是发动机转速而不是进气压力。但由转速表反映发动机的输出功率不太准确，特别是飞行高度较高时。

图 4.7　定距螺旋桨（木质）

　　变距螺旋桨有时也叫做恒速螺旋桨，是指桨叶角在飞行中可以变化的螺旋桨，如图 4.8 所示。桨叶角通常可在最大桨叶角与最小桨叶角之间自动或人工改变。装备变距螺旋桨的发动机一般由油门杆和变距杆控制，油门控制发动机的功率输出，由进气压力表指示；变距杆调整螺旋桨的转速，螺旋桨转速由转速表指示。因此飞行员可在发动机工作的范围和限制条件下操纵油门杆和变距杆来设置发动机的工作状态。

图 4.8　变距螺旋桨（铝合金）

二、螺旋桨结构

从螺旋桨的发展历程来看，其制作材料从最初的木料、钢材、发展到铝合金以及某些复合材料。很多年来，木料是制造螺旋桨的最可靠的材料，如图 4.7 所示。木制螺旋桨一般都是定距的，它的桨距（或桨叶角）是固定的。木制结构能吸收发动机共振。除非木制材料有保护层，否则地面工作期间它们对沙石和碎屑是非常敏感的。

现在大多数螺旋桨使用铝合金结构，如图 4.8 所示。它可以做成更薄、更有效的叶型而没有牺牲结构强度。铝合金螺旋桨上翼型截面延长至接近桨毂，这样能提供较好的空气流动，有利于发动机冷却。铝合金螺旋桨比木制螺旋桨更易于维护，而且成本较低。

钢制螺旋桨只在老一代运输飞机上使用过。由于钢材密度大，所以将钢制桨叶做成空心的。复合材料螺旋桨近来较为流行，其特点是质量轻、耐用，还能吸收振动，防腐蚀，可以明显提高发动机的燃油经济性。

第三节　螺旋桨变距

螺旋桨变距是指根据需要改变螺旋桨的桨叶角。桨叶角由小变大叫变大距；桨叶角由大变小叫变小距。螺旋桨变距包括两种情况，一种是自动变距，另一种是操纵变距杆人工变距。

一、螺旋桨变距的目的

螺旋桨变距的目的主要是保证和发挥发动机的经济性及提高螺旋桨工作效率。

由前文的分析可知，发动机输出到螺旋桨的功率不可能全部转换成螺旋桨产生拉力推动飞机前进的功率。螺旋桨的效率，即发动机输出到螺旋桨的功率中转换成螺旋桨推动飞机前进功率的比例。螺旋桨的效率越高，说明螺旋桨损失的功率越小，目前螺旋桨的效率可达 0.85 ~ 0.87。对于已经制造完成的螺旋桨，其旋转时的效率主要受螺旋桨桨叶迎角的影响。在相对气流方向一定的条件下，只有在某一桨叶迎角时螺旋桨的效率才是最高的，这个桨叶迎角叫桨叶的有利迎角。桨叶迎角过大或过小，螺旋桨的效率都要下降。在飞机的飞行过程中，速度经常发生变化，使得相对气流的方向也随之发生变化。因此，要获得较高的螺旋桨效率，应该经常改变螺旋桨的桨叶角，使桨叶迎角接近或保持为有利的桨叶迎角。

飞机巡航时，选用发动机的巡航功率状态。发动机的巡航功率可以用不同的进气压力和不同的转速来配合，而它们的燃油消耗率是不同的。通常只有在某一转速下配合某一个进气压力才能得到最低的燃油消耗率。因此，要使发动机最经济地输出功率，在选定了进气压力后，应该选定一个相匹配的发动机转速。通过螺旋桨的变距，可以按需要设置发动机的转速。

综上所述，螺旋桨变距的目的就是为了发挥螺旋桨的效率和使发动机工作最经济。当然，有时这两者不可能同时满足，现代变距螺旋桨一般是首先保证发动机工作的经济性，同时兼顾发挥螺旋桨的效率。

二、变距力矩

变距螺旋桨的变距方式有气动机械式变距、液压式变距和电动式变距。目前使用较多的是液压式变距，同时再辅以气动机械式变距。螺旋桨的变距力矩一般有桨叶惯性离心力矩、空气动力力矩、配重离心力力矩、液压（或电力）传动力矩和变距弹簧的弹簧力矩。

桨叶旋转时，各部分都要产生惯性离心力。惯性离心力形成的力矩有使桨叶角减小的趋势。因此桨叶的惯性离心力使螺旋桨变小距，如图 4.9 所示。

有的变距螺旋桨在桨叶根部固定有配重，当螺旋桨旋转时，配重产生的离心力将使螺旋桨变大距，如图 4.9 所示。

螺旋桨转动时，若桨叶的空气动力 R 不通过桨叶转轴，就会产生改变螺旋桨桨叶角的力矩。对有的螺旋桨，该力矩可能使桨叶变小距，有的可能变大距，如图 4.10 所示。

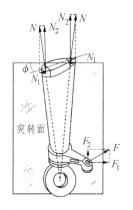

图 4.9　桨叶和配重的惯性离心力

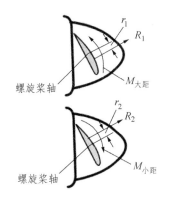

图 4.10　桨叶的空气动力力矩

液压传动力矩通常是利用滑油系统的滑油压力作用在专用的变距活塞上，推动活塞从而使螺旋桨改变桨叶角，如图 4.11 所示。

三、变距情形

改变桨叶角（即变距）需要专门的变距装置，叫做变距系统或者恒速装置（CSU）。轻型飞机多使用滑油驱动的液压式恒速装置，该装置能够在变距杆位置保持不变的情况下，通过调速器控制滑油在螺旋桨变距油缸里的油量，自动调节桨叶角，使螺旋桨转速保持不变，并能够在允许的桨距范围内进行无级调节。

现以某种液压式变距系统为例说明螺旋桨的变距情形。变距系统的主要部件为变距机构和调速器，如图 4.11 所示，右半边为变距机构，左半边为调速器。变距机构主要包括变距缸筒、变距活塞、变距弹簧和螺旋桨拨杆等部件，当变距滑油进入变距缸筒时，缸筒内油压增加，作用在变距活塞上的力大于螺旋桨惯性离心力距及变距弹簧的弹簧力矩之和，使变距活塞向左移动，带动拨杆使螺旋桨桨叶角增大，螺旋桨变大距。相反，当变距缸筒内的滑油流出后，作用在变距活塞上的油压减小，小于螺旋桨惯性离心力距及变距弹簧的弹簧力矩之和，变距活塞向右移动，带动拨杆使螺旋桨桨叶角减小，螺旋桨变小距。因此，控制变距缸筒内滑油的流进和流出，即可控制螺旋桨变大距或变小距。滑油的流向由调速器控制。该变距系统属于利用液压变大距，螺旋桨离心力变小距的反向变距系统。

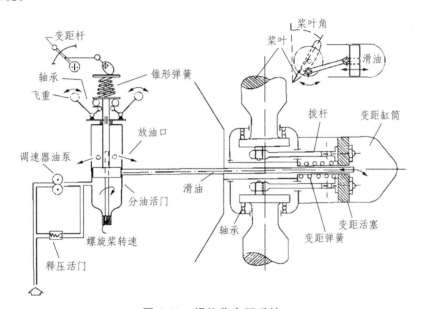

图 4.11　螺旋桨变距系统

四、螺旋桨的顺桨、回桨和反桨

对于装有两台（或多台）活塞式发动机的飞机，若飞行中出现一台发动机失效失去功率时，失效发动机的螺旋桨不仅不产生拉力，反而要产生阻力，给飞机操纵带来很大的困难。为了减小螺旋桨的飞行阻力，便于飞机的操纵和尽可能地改善飞机的飞行性能，必须把螺旋桨顺桨，即将螺旋桨的桨叶角变到最大，使桨叶顺着气流的方向。一般情况下各种螺旋桨在顺桨时桨叶角为 90° 左右，如图 4.12、图 4.13 所示。活塞发动机的螺旋桨顺桨通常由顺桨按钮控制，有的飞机也采用自动顺桨装置。

螺旋桨的回桨则是顺桨的反过程，即使螺旋桨退出顺桨状态回到正常工作时的螺旋桨桨叶角。一般在发动机重新起动时，应使螺旋桨回桨。

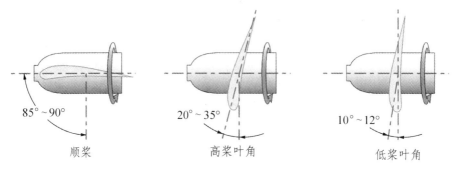

$85° \sim 90°$ 顺桨 $20° \sim 35°$ 高桨叶角 $10° \sim 12°$ 低桨叶角

图 4.12　螺旋桨变距工作原理

图 4.13　螺旋桨顺桨（正面视图）

　　螺旋桨的反桨是指螺旋桨的桨叶角变到最小。各种螺旋桨在反桨状态时桨叶角大约在 $-5° \sim +10°$ 的范围内。螺旋桨反桨的目的是产生负拉力，便于飞机着陆时缩短滑跑距离。螺旋桨反桨状态通常只能在地面使用，因此有专门的保险装置可以保证在飞行中不会产生负拉力，以保证飞行安全。应该注意的是，由于活塞式动力装置多用于小型、低速飞机，着陆速度小，使用螺旋桨反桨系统的较少。涡桨发动机使用反桨的较多。

五、调速器

　　调速器的功用是通过控制变距缸筒内滑油的流进或流出控制螺旋桨的变距，以保持螺旋桨的转速或改变螺旋桨的转速。

　　1. 调速器的基本组成和工作

　　调速器由调速器油泵、分油活门、离心飞重、锥形弹簧等组成，如图 4.11 左半边所示。调速器油泵可将滑油系统来的滑油进一步提高压力后送入变距缸筒。分油活门上有凸肩，可用来控制变距滑油的流向，当分油活门移到下面时，凸肩堵住调速器油泵来的滑油，螺旋桨变距缸筒中的滑油从放油口处放出，使变距缸筒中的滑油压力减小，变距活塞右移，螺旋桨变小距；当分油活门上移堵住滑油放油口时，调速器油泵来的滑油进入螺旋桨变距缸筒，使变距缸筒中的滑油压力增加，变距活塞左移，螺旋桨变大距；若放油活门处于中间位置，堵住通往变距缸筒的滑油油路，则螺旋桨就不变距。分油活门的上下移动由离心飞重力和调速器锥形弹簧弹力的相对大小决定，当离心飞重力大于弹簧力时，分油活门被抬起；当离心飞重力小于弹簧力时，分油活门被压下；离心飞重力等于弹簧力时，分油活门就处于中间位置。锥形弹簧的弹力可由变距杆调节，前推变距杆，压缩弹簧，弹力增加；后收变距杆，放松弹簧，弹力减小。螺旋桨变距和调速器的工作参见图 4.11。

2. 螺旋桨转速调节原理

螺旋桨转速的变化，取决于发动机输出到螺旋桨的旋转力矩和螺旋桨旋转阻力力矩的相对大小。当旋转力矩大于阻力力矩时，螺旋桨转速上升；旋转力矩小于阻力力矩时，螺旋桨转速下降；当旋转力矩等于阻力力矩时，螺旋桨转速保持不变。而螺旋桨的桨叶迎角改变后，螺旋桨的阻力力矩也相应改变，桨叶迎角增加，螺旋桨的阻力力矩增加，桨叶迎角减小，螺旋桨的阻力力矩也减小。螺旋桨转速的调节，也就是通过改变螺旋桨的桨叶迎角进而改变螺旋桨的阻力力矩来保持或改变螺旋桨的转速。下面分别介绍螺旋桨转速调节的两种情况，即自动变距保持螺旋桨转速和人工变距改变螺旋桨转速。

1）自动变距保持螺旋桨转速的情形

若保持变距杆不动，则调速器内的锥形弹簧弹力保持一定，调速器能保持与变距杆位置相对应的某一螺旋桨转速。在这个转速下，离心飞重的力与锥形弹簧力相等，可使分油活门保持在中立位置，螺旋桨不变距，螺旋桨转速保持不变。

但是，桨叶角不变是相对的和暂时的，当飞行状况或发动机构造状态发生变化时，桨叶角也要发生相应的变化。例如，当前推油门杆时，发动机功率增加，螺旋桨的旋转力矩增大，将引起螺旋桨转速有所增加。但转速增加将使调速器内的离心飞重力增加，大于弹簧力后抬起分油活门，使螺旋桨自动变大距。螺旋桨变大距后阻力力矩增大，使螺旋桨的转速有所减小。在离心飞重力与弹簧力重新达到平衡后，分油活门又回到中立位置。此时，螺旋桨就在一个比推油门前更大的桨叶角情况下保持原来的转速不变。当保持变距杆不动收油门杆时，螺旋桨变小距，螺旋桨在一个比收油门杆前更小的桨叶角情况下仍然保持原来的转速不变。

又比如，若保持变距杆和油门杆不动，当飞行速度增加时，由于桨叶迎角减小使螺旋桨的旋转阻力力矩减小，引起螺旋桨转速增大。同样，调速器将使螺旋桨自动变大距保持转速不变。当飞行速度减小时，调速器的构造正好相反，它将使螺旋桨自动变小距保持转速。

应该指出，调速器使螺旋桨自动变距保持转速不变，是有一定的范围的。当桨叶角变至最大或最小时，若飞行状况或发动机工作状态再发生变化时，转速就不能保持不变了。比如，在发动机地面试车时，变距杆已在最前，此时调速器内的锥形弹簧力最大，螺旋桨始终处于最小桨叶角状态。若前推油门杆，转速将随之增加，只有在螺旋桨转速大到足以克服弹簧力抬起分油活门后才能改变桨叶角（通常这一转速已达到或接近螺旋桨的最大转速）。若此时收油门杆，转速也将随之减小。

2）人工变距改变转速的情形

以图 4.14 所示的某双向液压变距系统为例，飞行中，如果需要改变螺旋桨的转速，可通过操纵变距杆来进行。正如前面所述，变距杆可改变调速器内锥形弹簧的弹力。当前推变距时，弹簧力增加，大于离心飞重力后，将使分油活门下移，螺旋桨变小距，转速增加。在转速增大到某一与变距杆位置相对应的转速时，离心飞重力与弹簧力重新平衡，分油活门又回到中立位置。则螺旋桨转速在一个新的桨叶角（比推变距前的桨叶角小）和新的转速（比推变距前的转速大）下稳定工作。与此相同，当后收变距时，螺旋桨在一个更大的桨叶角和更小的转速下工作。

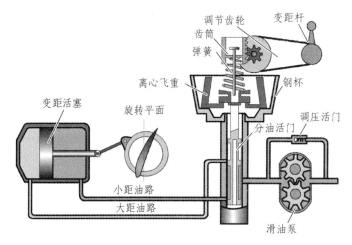

图 4.14　双向液压变距系统

3. 变距杆的使用

变距杆一般有 3 个功用，首先是配合油门杆改变和设置发动机的功率及状态。如增加功率时应先推变距再推油门，减小功率时应先收油门再收变距。在设置发动机状态时，应该是用油门设置发动机的进气压力，用变距设置发动机的转速。其次变距杆在发动机的一些特殊的工作状态时应放在特定的位置。如起动时，变距杆应放在最前，以保证螺旋桨在最小距状态，便于发动机的试车；起飞时，变距杆应放在最前，以保证得到起飞所需的功率和拉力；下滑着陆时，变距杆也应放在最前，以便在需要复飞时，能尽快得到复飞功率和拉力；停车时，变距杆通常还是应该放在最前，这样保证在停车后，螺旋桨处于最小距状态，便于发动机的下一次起动；停车后，变距杆应该放在最后，这样可放松锥形弹簧，延长调速器的工作寿命。除此以外变距杆还有一些特殊的用途，例如，在寒冷的天气条件或长时间下降过程中，为了防止变距缸筒内的滑油冻结，可来回活动几下变距杆。当滑油压力异常减低而滑油温度正常时，可通过操纵变距杆来判断滑油系统是否出现故障，若变距杆可正常控制转速，则表明是滑油压力表故障，若变距杆不能正常控制转速，则说明是滑油系统有故障。双发活塞飞机装有螺旋桨顺桨系统，有的变距杆在单发失效时还可以将失效发动机进行人工顺桨。

4. 螺旋桨和恒速装置的检查

在发动机试车过程中，通常要对螺旋桨和调速器进行检查，其目的是检查螺旋桨、调速器及相应的变距机构能否正常有效地控制螺旋桨转速。一般的检查项目有两个，首先确定变距杆在最前，然后推或收油门，检查油门杆能否改变螺旋桨转速。其次用油门杆确定某一转速后，再收变距杆，观察变距杆能否改变螺旋桨转速。应该提醒的是，对高压缩比的发动机，在收变距观察到螺旋桨转速有下降后，应立即将变距杆推到最前，防止发动机出现爆震。

第四节　螺旋桨的不正常工作

螺旋桨的不正常工作主要是指螺旋桨的超转和螺旋桨振动。当螺旋桨出现不正常工作时，将导致联轴节的效率急剧下降，螺旋桨和发动机部件受力增加，严重时将使部件损坏。下面分别对这两种情况进行分析。

一、螺旋桨超转

螺旋桨超转是指螺旋桨转速超过最大转速限制。螺旋桨超转时，桨叶根部承受很大的离心力，而且若是桨叶尖部的速度超过或接近音速时，会产生激波阻力，使螺旋桨的效率急剧下降。此外，螺旋桨超转还会引起发动机的曲轴超转，使发动机的活塞、连杆和曲轴等机件受力增加，极易损坏。

引起螺旋桨超转的原因，一是调速器没有调整好，二是调速器的分油活门卡阻在下位，使螺旋桨始终处于最小距的工作状态。在这种情况下，随着飞行速度的增加，桨叶迎角迅速减小，而螺旋桨又不能变大距，因而造成超转。冬季飞行时，特别是在长时间下降的过程中，如果螺旋桨长期未变距，变距缸筒内的滑油冻结，也可能造成超转。

飞行中，如果出现超转，应该迅速收油门减小进气压力。如果是由于滑油冻结导致的超速，螺旋桨转速会随之减小，此时应活动几下变距杆，促使分油活门恢复正常工作，并使变距缸筒内的滑油循环加温。如果转速不变，说明滑油没有冻结，则应适度后收变距杆减小螺旋桨转速。如果以上措施不能恢复正常转速，则应就近着陆。

此外，飞行中，若出现转速不稳或转速下降。可能是变距机构出现故障或是分油活门卡阻在中立位置或中立以上位置，此时应适当调整油门控制转速，同时活动几下变距杆使转速恢复正常。若无效，则应就近着陆。

二、螺旋桨振动

螺旋桨在旋转过程中因受力不均匀引起的振动称为螺旋桨振动。当出现螺旋桨振动时，用手碰油门杆或变距杆时，有发麻的感觉；振动严重时，脸部肌肉会感到抖动；驾驶杆、仪表盘也会发生抖动；仪表指针晃动剧烈。同时，因发动机架等构件受到周期性的额外负荷，使螺旋桨轴产生弯曲负载，产生弯曲振动，表现出来是螺旋桨作"点头"运动。而且，螺旋桨在各种转速下都会呈现振动，但在某一转速范围内振动更为剧烈，在此转速范围之外，螺旋桨振动相对较轻。这是因为发动机架等构件的自振频率刚好与这一转速范围的强迫振动频率相配，引起共振的缘故。

引起螺旋桨振动的原因是螺旋桨的受力不平衡，包括静不平衡、动不平衡和空气动力不平衡。静不平衡是指螺旋桨的各部分重量不能平衡，因而整个螺旋桨的重心不在桨轴的轴线上，当螺旋桨转动时，螺旋桨产生的离心力的方向周期性变化，造成发动机架等部件时而受拉，时而受压，即承受周期性的额外负荷，引起螺旋桨振动。若螺旋桨的重心在桨轴的轴线上，但各桨叶的重心不在同一平面上，螺旋桨转动时，也要承受不平衡的周期性离心力作用，即动不平衡力，使发动机架同样受到周期性的额外负荷，引起螺旋桨振动。若是螺旋桨的桨叶变形、桨叶安装不当，在螺旋桨转动时，各桨叶上的空气动力大小就不平衡，同样会引起螺旋桨振动。

如果在飞行中出现振动，首先应该判断究竟是螺旋桨振动还是发动机振动。发动机振动与螺旋桨振动有相似的地方，如发动机控制杆、驾驶杆和仪表盘振动等，但也有不同之处。发动机振动通常是由于发动机的点火系统、燃油系统工作不正常，或是气缸、活塞、胀圈等磨损严重引起的。发动机振动一般有两个特点，一是机头作"摇头"运动，二是当发动机振动时，进气压力越大，振动越严重。如果判断是螺旋桨振动，应该调整发动机转速使振动减轻，然后返航或就近着陆。为了防止螺旋桨出现振动，在飞行前检查时应注意检查螺旋桨桨叶的外形是否有变形、裂纹或损伤；保持桨叶表面清洁干净。开车时注意防止吸起地面沙粒打坏桨叶。飞行中，注意防止螺旋桨结冰。

三、风车状态

装有双发动机的飞机，在飞行中如有一台发动机失效，则失效的发动机无功率输出到螺旋桨，这时变距系统液体压力降低，螺旋桨会在离心力作用下自动变小距，直至小距限动。同时，由于相对气流吹动螺旋桨，并带动发动机轴被动旋转起来，螺旋桨就像一个风车，故称此现象为风车状态。

在风车状态下，螺旋桨失去向前的拉力；相反，产生飞行方向的阻力，桨叶受到使叶尖向后弯曲的弯曲应力。为减少由于风车状态引起的飞行阻力，要及时变大距，使桨叶与飞行方向顺起来，呈顺桨状态，如图 4.13 所示。

【本章小结】

装有活塞式发动机的飞机，都要用螺旋桨来产生拉力，使飞机前进。目前使用较多的螺旋桨是变距螺旋桨。

桨叶剖面前后缘的连线叫螺旋桨的弦线；桨叶旋转时所转过的平面叫旋转面；弦线与旋转面之间的夹角叫螺旋桨的桨叶角，桨叶角通常用 φ 来表示；弦线与相对气流的夹角叫桨叶迎角，桨叶迎角通常用 α 来表示。为了保证桨叶的工作效率，螺旋桨的桨叶有一定的扭转程度，即从螺旋桨的桨根到桨叶尖端，桨叶角逐渐减小。几何桨距是螺旋桨通过不可压缩介质转一圈前进的距离，有效桨距是指螺旋桨转一圈实际前进的距离。

当螺旋桨运转时，气流流过具有一定翼型的螺旋桨后，会产生一种气动力，叫翼型拉力，类似于固定翼飞机机翼产生的升力。同时由于旋转的螺旋桨对空气做功，压缩空气并推动空气向后排出，受到气体向前的反作用力，叫气动拉力，两种拉力的合力就是气动合力，气动合力在水平方向的分力即为螺旋桨飞机向前的拉力，气动合力在切线方向的分力是螺旋桨受到的空气阻力。

螺旋桨旋转时，拉力产生的功率称为推进功率或拉力功率，推进功率等于螺旋桨拉力与飞机飞行速度的乘积。而发动机传递到螺旋桨桨轴上用于驱动螺旋桨旋转的功率称为有效功率或者制动马力（Bhp）。所谓螺旋桨效率，是指螺旋桨产生拉力的功率与发动机传递到螺旋桨桨轴上的功率的比值，即推进功率与有效功率的比值。

螺旋桨变距是指根据需要改变螺旋桨的桨叶角。桨叶角由小变大叫变大距；桨叶角由大变小叫变小距。螺旋桨变距包括两种情况，一种是自动变距，另一种是操纵变距杆人工变距。螺旋桨变距的目的一是可以获得特定的发动机转速，保证发动机的经济性；二是调整螺旋桨的桨叶迎角，使螺旋桨的效率较高。

螺旋桨变距由变距系统或恒速装置（CSU）完成，变距系统的主要部件为变距机构和调速器，调速器可以自动变距保持转速，也可以通过操纵变距杆进行人工变距改变转速。

螺旋桨超转是指螺旋桨转速超过最大转速限制。引起螺旋桨超转的原因，一是调速器没有调整好，二是调速器的分油活门卡阻在下位，使螺旋桨始终处于最小距的工作状态。螺旋桨在旋转过程中因受力不均匀引起的振动称为螺旋桨振动。引起螺旋桨振动的原因是螺旋桨的受力不平衡，包括静不平衡、动不平衡和空气动力不平衡。静不平衡是指螺旋桨的各部分重量不能平衡，因而整个螺旋桨的重心不在桨轴的轴线上。若螺旋桨的重心在桨轴的轴线上，但各桨叶的重心不在同一平面上，螺旋桨转动时，也要承受不平衡的周期性离心力作用，即动不平衡力，使发动机架同样受到周期性的额外负荷，引起螺旋桨振动。若是螺旋桨的桨叶变形、桨叶安装不当，在螺旋桨转动时，各桨叶上的空气动力大小就不平衡，同样引起螺旋桨振动。

复习思考题

1. 螺旋桨的桨叶角和桨叶迎角是如何定义的？
2. 什么叫桨距？什么叫滑流？
3. 螺旋桨拉力是如何产生的？
4. 什么叫制动马力？

5. 简述螺旋桨效率的含义。

6. 螺旋桨可以按照什么标准分类？可以分成哪几种？

7. 什么叫作螺旋桨变距？螺旋桨变距有何意义？

8. 简述恒速装置的组成。

9. 简述调速器的结构和功能。

10. 简述螺旋桨的顺桨、回桨和反桨。

11. 结合调速器的工作说明螺旋桨如何进行变距。

12. 简述螺旋桨振动和螺旋桨超转的原因。

第五章　航空活塞发动机的性能

本章将介绍航空活塞发动机的主要性能参数，发动机参数及飞行条件对发动机性能的影响，吸气式和增压式发动机的性能特点，发动机的综合性能曲线，发动机常见的工作状态及应用等，为飞行员正确使用发动机，充分发挥其性能打下必要的理论基础。

第一节　发动机的主要性能指标

发动机主要的性能指标有：有效功率、燃油消耗率、加速性和发动机效率。

一、有效功率

发动机用来带动螺旋桨的功率叫作有效功率，用 N_e 表示，单位为瓦特（W）或马力（1 hp = 75 kgf · m/s = 735 W）。

发动机工作时，各气缸内燃料燃烧释放出的能量，经燃气膨胀并由曲拐机构转换成机械功，在克服摩擦等损失后，最后由曲轴输出机械功。曲轴除带动螺旋桨外还需驱动发动机的一些附件，如减速器、增压器、燃油泵、滑油泵、发电机、磁电机等，也要消耗部分功率。所以，最终影响发动机有效功率的因素较为复杂，主要有：发动机转速、进气压力和进气温度、混合气余气系数、滑油温度、飞行速度等。下面，我们分别讨论这些因素对发动机功率的影响：

1. 发动机转速

发动机转速增加后，一方面单位时间内各气缸完成的热循环次数增加，传递给曲轴更多的机械功；但另一方面，转速增加，进气速度增加，摩擦损失的功率增加，带动附件所消耗的功率也增加。试验表明，在发动机使用的转速范围内，发动机转速增加，有效功率增加，如图 5.1 所示。

2. 进气压力和进气温度

进气压力增加或进气温度降低，都使发动机的充填量增加，燃料释放出更多的热能，所以有效功率增加。相反，进气压力减小或进气温度升高，有效功率将降低。进气压力对功率的影响如图 5.2 所示。

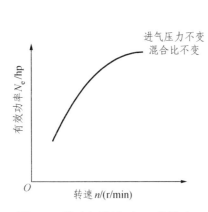

图 5.1　发动机转速对 N_e 的影响

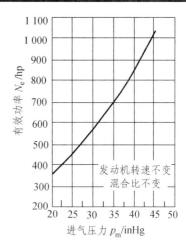

图 5.2　进气压力对 N_e 的影响

3. 大气条件

当发动机转速、节气门开度和混合比不变时，大气压力增加或大气温度降低，会使发动机充填量增加，发动机功率增加。对吸气式发动机，经理论推导有下列数量关系

$$\frac{N_{e2}}{N_{e1}}=\frac{p_2}{p_1}\sqrt{\frac{T_1}{T_2}} \quad \text{或} \quad N_{e2}=N_{e1}\cdot\frac{p_2}{p_1}\sqrt{\frac{T_1}{T_2}} \tag{5-1}$$

式中，发动机在大气条件为状态 1（p_1，T_1）时，有效功率为 N_{e1}；发动机在大气条件为状态 2（p_2，T_2）时，有效功率为 N_{e2}。

所以，吸气式发动机的有效功率与大气压力成正比，与大气温度的平方根成反比。

例 5-1　某吸气式发动机在地面标准大气条件下，转速为 1 900 r/min，发出的有效功率为 160 hp，当大气压力降为 750 mmHg，温度降为 – 40 ℃ 时，若转速不变，有效功率应为多少？

解：已知 N_{e1} = 160 hp，p_1 = 760 mmHg，T_1 = 273 + 15 = 288 K；p_2 = 750 mmHg，T_2 = 273 – 40 = 233 K。

将以上数据代入公式（5-1）可得

$$N_{e2}=160\times\frac{750}{760}\times\sqrt{\frac{288}{233}}=176 \text{ (hp)}$$

即大气条件变化后，发动机的有效功率应为 176 hp。

增压式发动机在相同的发动机转速和混合比不变时，经理论推导，大气条件的变化与发动机有效功率有以下关系

$$\frac{N_{e2}}{N_{e1}}=\frac{p_2}{p_1}\left(\frac{T_1}{T_2}\right)^m \tag{5-2}$$

式中，发动机在大气条件为状态 1（p_1，T_1）时，有效功率为 N_{e1}；发动机在大气条件为

状态 2（p_2，T_2）时，有效功率为 N_{e2}；m 通过实验测出为 0.5～0.6。

所以，增压式发动机的有效功率与大气压力和大气温度的变化有关。

如果大气状态发生变化后进气压力保持不变，则

$$\frac{N_{e2}}{N_{e1}} = \left(\frac{T_1}{T_2}\right)^m \tag{5-3}$$

例 5-2 某增压式发动机在地面标准大气条件下，转速为 2 100 r/min，进气压力为 900 mmHg，有效功率为 820 hp。试求在相同转速下，进气压力为 880 mmHg，大气温度为 30 ℃ 时，有效功率之值。（取 $m = 0.6$）

解： 已知 $N_{e1} = 820$ hp，$p_{m1} = 900$ mmHg，$T_1 = 273 + 15 = 288$ K；$p_{m2} = 880$ mmHg，$T_2 = 273 + 30 = 303$ K。

将以上数据代入公式（5-2）可得

$$N_{e2} = 820 \times \frac{880}{900} \times \left(\frac{288}{303}\right)^{0.6} = 778 \ (\text{hp})$$

即大气条件变化后，发动机的有效功率应为 778 hp。

大气湿度对有效功率也有影响，当气体湿度较大时，气体中水的成分增加，密度减小，充填量减小；同时燃烧速度减慢。所以，大气湿度增加，发动机有效功率降低，然而发动机爆震的倾向也减小。

4. 混合气余气系数

当混合气的余气系数 = 0.8～0.9 时，有效功率最大；余气系数偏离此范围时，有效功率将减小。

5. 滑油温度

发动机工作时，凡具有相对运动的工作面不可避免地存在摩擦损失，如活塞与气缸壁的摩擦损失；减速器内部的摩擦损失；曲拐和气门机构的摩擦损失等。这些损失的存在都将发动机有效功率减小，所以应尽可能减小其损失。

摩擦损失主要受发动机转速和滑油温度影响。由于发动机各摩擦面都有滑油进行润滑，只有保持滑油温度在适当范围内，才能确保滑油的黏性适当，润滑性能最好，摩擦损失的功率最低，从而使发动机的有效功率最大。

6. 飞行速度

飞机飞行速度增加，由于相对气流的冲压作用，动压转换成静压，发动机充填量增加。所以发动机有效功率增加。

除此以外，提前点火角的大小，气门机构、点火电嘴的工作好坏等因素也直接影响发动机的有效功率，这里不再重述。

有效功率是航空活塞发动机最主要的性能指标，它描述了发动机所具有的做功能力。今后如果没有特别说明，通常所说的发动机功率就是指其有效功率。

通过了解发动机有效功率的测量可进一步加深对有效功率的理解。发动机制造出来以后，它的有效功率是否符合设计值，通常通过在平衡台上的实验来检查，其工作原理如图 5.3 所示。

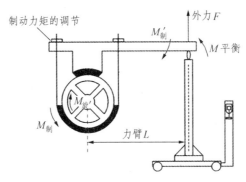

图 5.3　发动机有效功率的测量

测量发动机有效功率时，通过在发动机输出轴上施加一定的摩擦制动力，从而对发动机轴产生一制动力矩 $M_制$（相当于螺旋桨阻力力矩），发动机对平衡台施加的反作用力矩 $M'_制$ 通过平衡台上的外力 F 产生的力矩 $M_{平衡}$ 平衡。当制动力矩 $M_制$ 与发动机输出的旋转力矩 $M_旋$ 相等时，发动机就稳定在一定的转速 n 下工作，此时通过测出平衡台上的外力 F、发动机转速 n，就可得到发动机输出的有效功率 N_e。公式如下

$$M_{平衡} = F \times L \tag{5-4}$$

$$M_旋 = M_制 = M'_制 = M_{平衡} \tag{5-5}$$

$$N_e = \frac{M_旋 \times n \times 2\pi}{60} = \frac{F \times L \times n \times 2\pi}{60} = \frac{F \times L \times n \times 2\pi}{60 \times 75} \ (hp) \tag{5-6}$$

例 5-3　运用功率测量装置测得此时的外力 $F = 100$ kgf，力臂 $L = 1.2$ m，发动机转速 $n = 2\ 200$ r/min，试计算此时发动机的有效功率。

解：已知 $F = 100$ kgf，$L = 1.2$ m，$n = 2\ 200$ r/min，将以上数据代入公式（5-6），则

$$N_e = \frac{100 \times 1.2 \times 2\ 200 \times 2 \times 3.15}{60 \times 75} = 368 \ (hp)$$

即此时发动机输出的有效功率为 368 hp。

由发动机功率测量装置的工作可以看出，有效功率的测量中采用了摩擦制动方式，所以，英、美等国家又将发动机有效功率的单位叫做制动马力（Bhp）。

二、燃油消耗率

航空活塞发动机的燃油消耗率定义为：发动机产生 1 hp 的有效功率，在 1 个小时内所消耗的燃油重量。用 SFC 表示，单位为：kg/(hp · h)，即

$$\mathrm{SFC} = \frac{m_{时燃}}{N_e}$$

式中　　$m_{时燃}$——发动机小时燃油消耗量；

　　　　N_e——发动机有效功率。

影响发动机燃油消耗率 SFC 的因素主要有：混合气的余气系数、机械损失、飞行高度等。

1. 混合气的余气系数

当混合气的余气系数等于最佳经济余气系数值（$\alpha = 1.05 \sim 1.10$）时，燃油消耗率最低；当余气系数偏离此范围时，燃油消耗率将增加。

2. 机械损失

发动机的机械损失主要是指：摩擦损失和带动附件所消耗的功率。机械损失越小，发动机工作效率越高，燃料热利用率越高，燃油消耗率越低。

摩擦损失主要取决于润滑质量，将滑油温度调整到适当的范围可有效降低摩擦损失；带动附件所消耗的功率主要取决于附件的类型和数量，除满足发动机工作性能所必需的附件外，因尽量减少附件的数量，这样既可减小机械损失，还可减轻发动机质量。如装在小型、轻型飞机上的发动机，根据飞机的实际使用性能，取消了减速器或增压器，虽然螺旋桨效率和飞机的飞行高度、起飞性能有一定降低，但发动机的总体性能得到优化。

燃油消耗率是描述航空活塞发动机经济性的主要参数之一。目前航空活塞发动机的燃油消耗率已经很低，吸气式发动机 SFC 一般在 0.21 ~ 0.23 kg/(hp·h)；增压式发动机 SFC 一般在 0.26 ~ 0.32 kg/(hp·h)。

此外，气压高度也会对燃油消耗率造成一定的影响，将在后面讲到。

三、发动机的加速性

航空活塞发动机的加速性是指快推油门杆时转速上升的快慢程度。通常在地面当螺旋桨在最小距时，快推油门以发动机从慢车转速加速到最大转速所需的时间作为衡量加速性的标准，所需的时间越短，发动机的加速性越好，可以在短时间内增大功率，有助于改善飞机的起飞、复飞及爬升性能。

发动机的加速性取决于发动机有效功率 N_e 与螺旋桨负载功率 N_p 之差，即剩余功率 $\Delta N(\Delta N = N_e - N_p)$ 的大小和发动机的惯性，即

$$t = 常数 \cdot \int_{n_{idle}}^{n_{max}} \frac{J \cdot n}{\Delta N} \mathrm{d}n \qquad (5\text{-}7)$$

式中　　ΔN——发动机剩余功率；

　　　　J——发动机转子转动惯量；

　　　　n_{max}——发动机最大转速；

n_{idle}——发动机慢车转速。

影响加速性的主要因素有：

1. 燃油量增加的快慢

加速时燃油量增加越快，发动机有效功率上升越快，加速时间越短，加速性越好。实际发动机加速时，在确保发动机正常工作的前提下，燃油系统给定了燃油量增加的速率，有的发动机还设置了辅助的注油装置，可进一步提高加速性。

2. 大气压力和大气温度

大气压力增加或大气温度降低，空气密度升高，进气充填量增加，发动机有效功率增加；同时空气密度升高，螺旋桨的负载功率也增大。但总的剩余功率变大，发动机加速性变好。反之，大气压力降低，加速性变差。所以，高原机场或高温机场，加速性变差。

3. 发动机转子的转动惯量

发动机转子的转动惯量越小，加速时间越短，加速性越好。所以，减轻发动机质量不仅可以降低飞机的运行成本，还可改善发动机的加速性。

4. 气缸头温度

气缸头温度过低，燃油蒸发不良，火焰传播速度减小，发动机有效功率降低，加速性变差。

此外，进气装置进气滤工作时，大气湿度增加时也会使发动机加速性变差；对变距螺旋桨的飞机，在实际飞行使用中，螺旋桨的桨叶角也会影响加速性：当变距杆不在最前即最小距位置时，螺旋桨的负载功率较大，发动机加速时，剩余功率小；同时发动机不可能达到最大转速，发动机加速性变差。所以，飞机起飞、复飞时，为了确保加速性和发动机功率，变距杆必须放在最前位。

四、发动机效率

在分析航空活塞发动机的工作时，我们发现：燃料燃烧释放出的热能中只有一部分转换成有效的机械功用来带动螺旋桨以产生推进功率，其余大部分能量随废气排入大气和用于克服机械损失。

发动机有效效率定义为：在发动机一次热力循环中，有效功的热当量与燃料的理论放燃量的比值，用 η_e 表示，即

$$\eta_e = \frac{L_e}{Q_e} \tag{5-8}$$

式中 L_e——一次热力循环中，带动螺旋桨的有效功率；

　　　Q_e——一次热力循环中，燃料的理论放热量。

发动机有效效率描述了燃料热能的有效利用程度，评定了由热能转换成驱动螺旋桨

的有效功能量转换过程中，能量损失的大小，是衡量发动机经济性的重要参数之一。目前，吸气式发动机 η_e 一般在 0.20 ~ 0.32；增压式发动机 η_e 一般在 0.16 ~ 0.28。

在完全燃烧的情况下，燃料燃烧释放的热能一部分随高温废气排出发动机，一部分被冷却剂（空气或冷却液）和滑油带走，剩下的转换为有效功（发动机实际工作中还存在燃料不完全燃烧损失，混合气越富油，此损失越大）。

若将燃料的理论放热量定义为 100%，则各部分的能量分配比例如图 5.4 所示。

由图可见，废气带走的热量比例最高，所以有的大功率增压发动机可以通过高温废气驱动一废气涡轮带动增压器（参见图 2.42），从而充分利用废气的能量，提高发动机效率。但这一装置结果相对比较复杂，同时也增加了动力装置的质量。

由于燃油消耗率和有效效率从不同侧面都描述了发动机的经济性，所以两者间必然存在一定联系。下面以发动机工作 1 h 来计算。

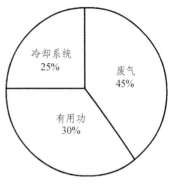

图 5.4　能量分配图

其中：发动机的有效功率为 N_e（hp）；发动机的小时耗油量为 $m_{时燃}$（kg/h）；燃料的低热值为 $H_{低}$（kJ/kg）。发动机工作 1 h 所输出的有效功为 $N_e \times 3\,600 \times 75 \times 9.8$（J）；发动机工作 1 h 燃料的理论放热量为 $m_{时燃} \times H_{低} \times 1\,000$（J）。故

$$\eta_e = \frac{N_e \times 3\,600 \times 75 \times 9.8}{m_{时燃} \times H_{低} \times 1\,000} = \frac{2\,646}{SFC \cdot H_{低}} = 常数 / SFC \tag{5-9}$$

由此可见，燃油消耗率与有效效率成反比。发动机的燃油消耗率是从消耗燃料的角度来衡量发动机经济性的；有效效率是从能量损失的角度来衡量发动机经济性的。两者是统一的，当输出一定的有效功率，有效效率越高，说明能量损失越小，燃油的消耗必然少。

第二节　发动机的使用性能

一、高度对发动机性能影响

在实际飞行过程中，发动机的转速、进气压力、飞行高度是影响活塞发动机性能的主要因素。对于自然吸气式和涡轮增压式发动机，转速和进气压力对其性能的影响比较接近，但飞行高度对两种类型的发动机性能的影响却有很大不同。

1. 吸气式发动机的高度特性

吸气式发动机的高度特性，是在节气门全开，混合气的余气系数保持不变，提前点火角保持在最有利数值的条件下获得的。

1）装变距螺旋桨的吸气式发动机的高度特性

装有变距螺旋桨的吸气式发动机，当高度变化时可利用螺旋桨变距来保持转速不变。这种发动机的高度特性如图 5.5 所示。高度升高时有效功率不断减小，燃油消耗率则不断增大。

2）装定距螺旋桨的吸气式发动机的高度特性

装有定距螺旋桨的吸气式发动机的高度升高时，由于桨叶角不能改变，转速会减小，发动机有效功率与转速不变时相比，降低得更快。图 5.6 上实线为带定距螺旋桨的吸气式发动机的有效功率和燃油消耗率随高度变化的情形。为便于比较起见，同一图上还用虚线绘出了在转速保持不变的条件下的高度特性曲线。

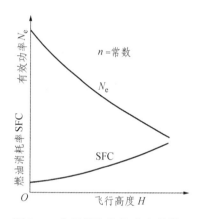

图 5.5 变距螺旋桨的高度特性

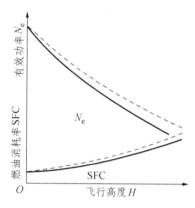

图 5.6 定距螺旋桨的高度特性

从以上对吸气式发动机高度特性的分析，可以看出吸气式发动机在高度升高时，不仅有效功率迅速减小，而且经济性也变差。因此这种发动机不适用于高空飞行。

2. 增压式发动机的高度特性

1）单速传动增压式发动机的高度特性

单速传动增压式发动机的高度特性曲线，如图 5.7 所示。图上有效功率与有效燃油消耗率曲线分别表示有效功率和燃油消耗率随高度变化的情况。从图上可以看出：在额定高度以下，随着高度的升高，有效功率一直增大，燃油消耗率则不断减小；在额定高度以上，随着高度的升高，有效功率一直减小，燃油消耗率则不断增大。

2）废气涡轮增压式发动机的高度特性

带废气涡轮的增压式发动机，从地面到额定高度范围，通过逐渐开大节气门来保持进气

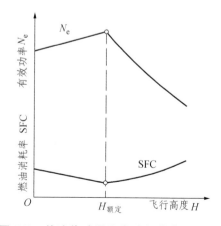

图 5.7 单速传动增压发动机的高度特性

压力不变，发动机的有效功率基本不变，燃油消耗率也基本不变。超过额定高度以后，废气涡轮增压器的转速保持不变，进气压力即随高度的升高而减小，有效功率也随高度的升高而减小，燃油消耗率随高度升高而增大。这种发动机的高度特性曲线如图 5.8 所示。废气涡轮增压式发动机的主要优点，在于它的额定高度较高。目前，采用废气涡轮增压器的发动机，额定高度可达 10 000～14 000 m。而采用二速传动式增压器的发动机，其额定高度也不超过 6 000～7 000 m。但是废气涡轮增压式发动机的构造复杂，质量较大。因此在飞行高度不高的飞机上，不宜采用。只有在飞高空的飞机上，为了在较高的高度上仍能获得大的有效功率，才适于使用这种发动机。

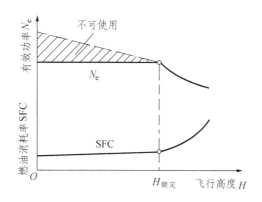

图 5.8　废气涡轮增压式发动机的高度特性

3. 全油门高度的含义

通过上述分析可知，自然吸气式发动机在全油门状态下，有效功率随高度上升而下降。某些地面增压式发动机可以在地面高度油门全开，此时发动机功率最大，在相同高度下，地面增压发动机的功率比自然吸气式发动机的功率大，但与吸气式发动机的变化规律相似，发动机功率随飞行高度上升而单调下降，如图 5.9 所示。

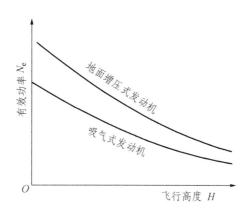

图 5.9　吸气式及地面增压式发动机的高度特性

高空增压型发动机则可以在指定飞行高度范围内的各个高度上使发动机保持其最大功率。在图 5.8 中，额定高度上对应的功率是满足发动机结构强度要求的最大功率，此最大功率是在设定转速和油门全开时的最大允许进气压力条件下的功率。当飞行高度低于额定高度时，如果油门仍然全开，进气压力必高于最大允许进气压力，发动机功率将超过最大功率，从而超过发动机的强度限制，这是不容许的。要保持最大功率，必须适度关小油门。在此额定高度以上，在油门全开的情况下，进气压力随高度增加而逐渐减小，所以发动机功率逐渐减小。

上述额定高度是在控制转速、油门全开的条件下发出最大功率时的飞行高度，此高度叫做发动机的全油门高度或临界高度。如果允许最大进气压力降低，即发动机的最大功率降低，则全油门高度将高于此临界高度。

吸气式发动机的全油门高度亦是指油门全开条件下发动机发出最大功率时的高度。当发动机最大功率为最大连续功率时，全油门高度为海平面高度。

二、发动机的综合性能曲线

我们将发动机转速、进气压力、飞行高度对发动机功率的影响综合到一起就得到发动机的综合性能曲线。下面分别介绍典型的吸气式和增压式发动机的综合性能曲线。图 5.10 所示为某吸气式发动机的综合性能曲线；图 5.11 所示为某增压式发动机的综合性能曲线。

图中：左侧曲线为在标准海平面下，转速、进气压力与发动机功率的关系；右侧曲线为节气门全开时，转速、飞行高度、进气压力与发动机功率的关系。

通过发动机综合性能曲线，我们可以清晰看出转速、进气压力、飞行高度对发动机功率的影响。在实际中有广泛的用途。

例如，某吸气式发动机在标准海平面，进气压力为 23 inHg，转速为 2 200 r/min 工作时（B 点），可查到发动机功率为 184 hp（C 点）；若该发动机以同样的工作状态在空中工作，则发动机工作的最高高度（有的叫临界高度）为 6 250 ft，对应的发动机功率为 200 hp（A 点），这是由于大气温度降低，充填量增加的缘故；将点 A 和 C 连成直线就可得出发动机在相同工作状态下，飞行高度（大气温度）对发动机功率的修正。如飞行高度为 4 000 ft 时，可查到 D 点，此时发动机的功率为 192 hp。一般来说，此时大气温度每变化 6 °F，发动机功率变化 1%。

增压式发动机的综合性能曲线的使用用法与吸气式类似，这里不再重复。

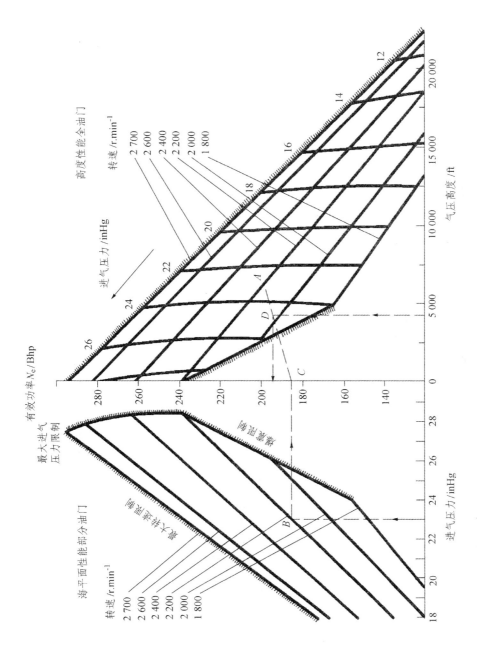

图 5.10　吸气式发动机综合性能曲线

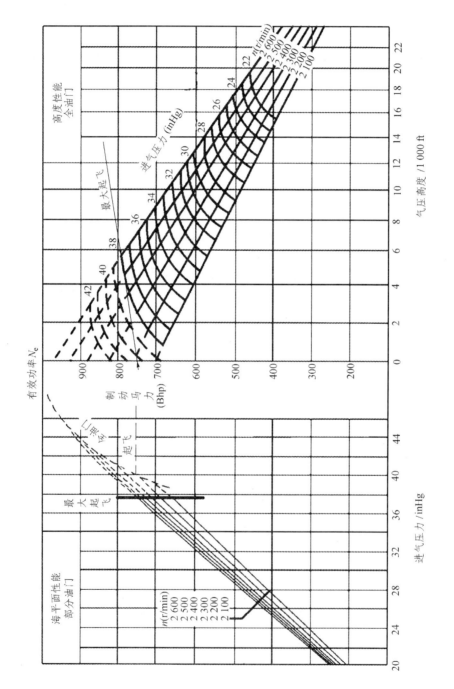

图 5.11　增压式发动机综合性能曲线

三、发动机常见的工作状态

由于发动机的进气压力和转速是确定发动机功率的最主要因素，所以，可根据发动机的实验曲线，由一定的进气压力和转速值给出一定的发动机状态，用于不同的飞行阶段，从而既可充分发挥发动机的性能，又可满足飞机飞行性能的需要。航空活塞发动机常见有以下 5 种工作状态：

1. 起飞工作状态

起飞工作状态是发动机使用全油门和最大转速工作的状态，此时发动机可发出最大使用功率。

飞机在紧急起飞，短跑道起飞，高温、高原机场起飞时，为了尽可能缩短起飞滑跑距离，可使用起飞工作状态；飞机复飞或快速爬升时，为了获得最大上升率，也可使用起飞工作状态。

发动机在起飞工作状态下工作时，单位时间燃料放热量最多，发动机温度很高；同时发动机各机件承受的负荷也最大。因此,起飞工作状态连续工作时间一般不超过 5 min。对增压式发动机，由于此时进气压力较大，飞行使用中应严格遵守最大进气压力和最大转速限制，严禁超出（有的此时称为发动机的超压状态），在冬季高气压机场飞行时尤其应注意。

2. 额定工作状态

额定工作状态是设计发动机所规定的基准工作状态。相应的发动机参数分别称为：额定进气压力、额定转速、额定功率。额定状态的功率通常比起飞状态低 10% ~ 15%，额定转速比最大转速小 100 ~ 200 r/min。

额定状态常用于飞机正常起飞、大功率爬升和大速度平飞。连续使用时间通常不超过 1 h。

3. 最大连续工作状态

最大连续工作状态是发动机可长时间连续发出最大功率的工作状态。此时，发动机功率为额定功率的 90%，发动机转速为额定转速的 96.6%。

最大连续工作状态常用于飞机爬升和大速度平飞。连续使用时间不受限制。

需要特别指出的是，目前一些装在轻型、小型飞机上的美、英制中、小功率吸气式发动机，由于具有一定的功率储备，为了便于操作和延长发动机寿命，通常只有一标准额定状态（标准海平面，全油门，最大转速）用于飞机起飞，此时相当于发动机最大连续工作状态，使用时间也不受限制。飞机用此状态起飞时，主要应防止发动机转速不超过限制值。

4. 巡航工作状态

巡航工作状态是飞机作巡航飞行时所使用的发动机状态。此时，为了保证巡航飞行的航程和续航时间，此时发动机功率通常选择较小，一般为额定功率的 30% ~ 75%。具体根据飞机实际的飞行性能需要按飞机性能图表设置。

根据发动机的综合性能曲线，在空中巡航时，每一发动机状态可对应多组进气压力和转速值，进气压力较低时，转速就较高，此时螺旋桨和发动机工作效率都不高；进气压力较高时，转速就较低，但此时发动机有爆震倾向。所以对具体发动机而言，每一发动机状态，发动机制造商都有其推荐的进气压力和转速值（见表 5.1），飞行中应尽量采用这些推荐值，确保发动机的工作性能和飞行安全。

表 5.1　发动机巡航工作状态参数表（莱康明 IO-540-C4D5D 发动机）

百分比/% 制动马力 /Bhp	气压高度 /ft	进气压力/inHg				
		2 200（r/min）	2 300（r/min）	2 400（r/min）	2 500（r/min）	2 575（r/min）
75	0	**26.1***	**25.2**	**24.3**	23.7	23.2
	2 000	**25.6**	**24.7**	**23.8**	23.2	22.7
	4 000		**24.2**	**23.2**	22.6	22.2
	6 000			**22.9**	22.1	21.7
	8 000					21.2
65	0	**23.5**	**22.6**	21.9	21.2	20.8
	2 000	**22.9**	**22.1**	21.4	20.7	20.3
	4 000	**22.4**	**21.6**	20.9	20.3	19.9
	6 000	**21.9**	**21.2**	20.5	19.9	19.5
	8 000		**20.7**	20.1	19.5	19.1
	10 000			19.1	19.1	18.6
55	0	**21.0**	**20.2**	19.5	18.9	18.5
	2000	**20.4**	**19.7**	19.0	18.4	18.1
	4000	**19.9**	**19.2**	18.5	17.9	17.6
	6000	**19.4**	**18.7**	18.0	17.5	17.2
	8000	**19.0**	**18.3**	17.6	17.1	16.8
	10000	**18.6**	**17.9**	17.3	16.8	16.4
	12000	**18.0**	**17.5**	16.9	16.4	16.1
	14000				16.1	15.7

* 黑体数字为推荐值。

在实际的航线飞行中，当发动机巡航工作状态设置好后，根据飞行的实际需要，可通过发动机混合比杆（有的发动机为高空杆）设置发动机的最佳功率状态或最佳经济状态，以进一步发挥发动机的性能，具体方法见各飞机的《飞行手册》。

巡航工作状态用于飞机续航飞行，连续使用时间不受限制。

5. 慢车工作状态

慢车工作状态是发动机稳定、连续工作的最小转速工作状态。此时，发动机油门位于最后，发动机的功率为额定状态的 7% 左右，发动机转速为最小转速。

慢车状态用于飞机着陆、快速下降、地面滑行等。由于发动机在慢车状态工作时，混合气较为富油，发动机温度较低，电嘴容易积炭；同时发动机工作的稳定性较差，所以，应尽可能缩短慢车状态使用时间。

四、发动机的功率设置

在不同的飞行状态下，要求发动机有不同的功率设置。理论上讲，飞行员可以根据自己的需要设置发动机的功率，但是如果要充分发挥发动机的各项性能，保证发动机工作可靠，保证飞行安全，飞行员应该按照飞行手册设置发动机功率。

不同的飞机，不同类型的螺旋桨、发动机、燃油系统和显示系统有不同的功率设置方法。现以装恒速螺旋桨的活塞动力装置为例说明发动机的功率设置。发动机用于设置功率的主要操纵装置是油门杆和变距杆，其次是混合比杆。油门杆主要控制进气压力，前推油门进气压力增加，后收油门进气压力下降。变距杆主要控制发动机转速，前推变距转速增加，后收变距转速下降。前推混合比杆，混合气变富油，后收混合比杆，混合气变贫油。由于功率等于扭矩乘以转速，改变进气压力或混合气的混合比就是改变了发动机输出到螺旋桨的扭矩，因此发动机的这 3 个控制杆均可改变发动机的功率。但主要的功率控制手柄还是油门杆。

设置发动机功率时，应该参考相应的仪表。除主要的发动机仪表，如进气压力表、转速表、燃油流量表、滑油温度/滑油压力表和气缸头温度/排气温度表以外，还可参考空速表或垂直速度表（见图 5.12）。下面简要说明主要飞行阶段的发动机功率设置。

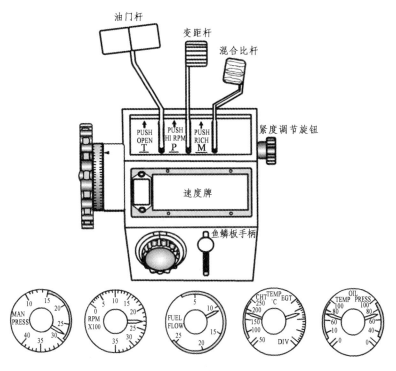

图 5.12 典型的发动机控制和显示

1. 起飞功率设置

在设置起飞功率之前首先应该完成所有必须的检查，如磁电机、螺旋桨和调速器、汽化器加温、发动机最大状态和慢车状态等，同时要求滑油温度、压力和气缸头温度保持在正常范围。然后将混合比杆、变距杆和油门杆推到最前以获得最大的发动机功率。起飞到一定高度后，按照飞行程序适当地调整混合气的油气比或是设置发动机的爬升功率。

2. 爬升功率的设置

按照飞行手册将发动机的功率从起飞功率减至爬升功率，注意应该先收油门再收变距。当高度较高后，应适当地将混合比调贫油。随着飞行高度的增加，进气压力逐渐减小，应适当地前推油门保持空速或垂直速度。若高度很高，油门已推到最前仍不能保持原有的进气压力，就不能保持原有的空速或垂直速度了。长时间爬升过程中应注意观察气缸头温度不能超出规定的范围。

3. 巡航功率的设置

在巡航阶段飞行员可根据所需的空速设置发动机功率，也可按照飞行手册的巡航性能表（参见表 5.2）设置发动机的功率。若以一定的进气压力和发动机转速工作，在较高的巡航高度飞行，发动机的功率输出会增加。因为高度增加后，大气温度下降使气缸的充填量增加，同时大气压力下降使发动机排气的背压下降。由于巡航状态时间较长，燃油经济性是考虑的主要问题，因此选用发动机中转速状态工作较好。另外，也可参考排气温度表设置发动机的最佳功率状态和最经济状态。

表 5.2　某发动机推荐的功率设置

条件：2 550 lb（磅）　推荐贫油混合气　　鱼鳞板关　压力高度 4 000 ft

RPM	MP	20 °C BELOW STANDARD TEMP −13 °C			STANDARD TEMPERATURE 7 °C			20 °C ABOVE STANDARD TEMP 27 °C		
		%Bhp	KTAS	GPH	%Bhp	KTAS	GPH	%Bhp	KTAS	GPH
2 600	23	81	126	11.5	79	127	11.1	76	127	10.7
	22	76	122	10.8	73	123	10.4	71	123	10.0
	21	71	119	10.0	68	119	9.7	66	119	9.3
	20	66	114	9.3	63	114	9.0	61	113	8.7
2 500	24	82	126	11.6	79	127	11.2	77	128	10.8
	23	77	123	11.0	75	124	10.6	72	124	10.2
	22	73	120	10.3	70	120	9.9	68	120	8.6
	21	68	116	9.6	65	116	9.3	63	116	9.0
2 400	24	77	123	10.9	74	120	10.5	72	120	10.2
	23	72	120	10.2	70	120	9.9	68	120	9.5
	22	68	116	9.6	65	116	9.2	63	116	9.0
	21	63	112	8.9	61	111	8.6	59	110	8.4
2 300	24	72	120	10.2	70	120	9.9	67	120	9.5
	23	68	116	9.6	65	116	9.3	63	116	9.0
	22	63	112	9.0	61	112	8.7	59	111	8.4
	21	69	108	8.4	57	107	8.1	55	106	7.9
2 200	24	68	116	9.6	63	116	9.2	63	115	8.9
	23	63	112	9.0	61	112	8.7	59	111	8.4
	22	59	108	8.4	57	107	8.1	55	106	7.9
	21	55	103	7.9	53	102	7.6	51	101	7.4
	20	51	98	7.3	49	97	7.1	47	95	6.9
	19	46	92	6.8	45	91	6.6	43	89	6.4

条件：2 500 lb（磅）　推荐贫油混合气　　鱼鳞板关　压力高度 6 000 ft

RPM	MP	20 °C BELOW STANDARD TEMP −17 °C			STANDARD TEMPERATURE 3 °C			20 °C ABOVE STANDARD TEMP 23 °C		
		%Bhp	KTAS	GPH	%Bhp	KTAS	GPH	%Bhp	KTAS	GPH
2 600	23	...	...	...	81	131	11.5	79	131	11.1
	22	79	126	11.2	76	127	10.8	74	127	10.4
	21	74	123	10.5	71	123	10.1	69	123	9.7
	20	69	119	9.7	68	118	9.3	64	118	9.1
2 500	23	80	127	11.3	77	128	10.9	75	128	10.6
	22	76	124	10.7	73	124	10.3	70	124	9.9
	21	71	120	10.0	68	120	9.6	66	120	9.3
	20	66	116	9.3	63	116	9.0	61	115	8.7
2 400	23	75	124	10.6	72	124	10.2	70	124	9.9
	22	70	120	9.9	68	120	9.6	65	120	9.3
	21	65	116	9.3	63	115	9.0	61	114	8.7
	20	61	111	8.6	59	110	8.4	57	109	8.1
2 300	23	71	120	10.0	68	120	9.6	68	120	9.3
	22	66	116	9.3	64	116	9.0	61	115	8.7
	21	61	112	8.7	59	111	8.4	57	110	8.2
	20	57	107	8.1	55	105	7.9	53	105	7.6
2 200	23	66	116	9.3	63	116	9.0	61	115	8.7
	22	62	112	8.7	59	111	8.4	57	110	8.2
	21	57	107	8.2	55	106	7.9	53	105	7.7
	20	53	102	7.6	51	101	7.4	49	99	7.2
	19	49	96	7.1	47	95	6.8	45	93	6.7
	18	44	90	6.6	43	89	6.5	41	87	6.2

在发动机功率设置的过程中，应该注意改变发动机功率时操纵油门、变距和混合比杆的顺序，注意操纵动作不能粗猛，更不能错用控制手柄，另外还要交叉检查发动机仪表和飞行仪表。

【本章小结】

航空活塞发动机的主要性能参数有：有效功率、燃油消耗率、加速性和发动机效率。

有效功率是发动机带动螺旋桨的功率。影响发动机有效功率的主要因素有：发动机转速、进气压力和进气温度、大气条件、混合气余气系数、滑油温度和飞行速度。熟悉这些参数对有效功率的影响，对充分发挥发动机性能、正确使用发动机具有重要意义。飞行使用中，常通过改变发动机转速和进气压力来调整发动机功率。

燃油消耗率是发动机产生 1 hp 的功率，连续工作 1 h 所消耗的燃油质量。影响发动机燃油消耗率的主要因素有混合气的余气系数和机械损失，将余气系数和滑油温度调整到适宜的值可有效降低燃油消耗率。

发动机加速性是快推油门杆时转速上升的快慢程度。加速性越好，有助于改善飞机的起飞、复飞及爬升性能。影响加速性的因素有：燃油量增加的快慢、大气压力和大气温度及发动机转子的转动惯量。

发动机有效效率描述了燃料热能的有效利用程度。它评定了由热能转变成螺旋桨有效功能量转换过程中总的能量损失大小，这些损失主要有：高温废气带走的热量损失；冷却剂（空气或冷却液）和滑油带走的热量损失；燃料不完全燃烧的损失。

发动机有效效率与燃油消耗率成反比，两者都是衡量发动机经济性的主要参数。

高度的变化对吸气式发动机和增压式发动机性能的影响有很大不同。吸气式发动机在高度升高时，不仅有效功率迅速减小，而且经济性也变差。因此这种发动机不适用于高空飞行。单速传动增压式发动机在额定高度以下，随着高度的升高，有效功率一直增大，燃油消耗率则不断减小；在额定高度以上，随着高度的升高，有效功率一直减小，燃油消耗率则不断增大。废气涡轮增压式发动机，从地面到额定高度范围，发动机的有效功率基本不变，燃油消耗率也基本不变。超过额定高度以后，进气压力即随高度的升高而减小，有效功率也随高度的升高而减小，燃油消耗率随高度升高而增大。

增压式发动机在控制转速、油门全开的条件下发出最大功率时的飞行高度，叫做发动机的全油门高度或临界高度。如果允许最大进气压力降低，即发动机的最大功率降低，则全油门高度将高于此临界高度。

发动机综合性能曲线是由发动机制造商提供的发动机重要性能曲线，它综合了发动机转速、进气压力和飞行高度对发动机有效功率的影响，在实际中有广泛的用途。

根据发动机转速和进气压力的不同可将发动机分为以下工作状态：起飞工作状态、额定工作状态、最大连续工作状态、巡航工作状态和慢车工作状态。飞行使用中应严格遵守各飞机《飞行手册》中对发动机工作状态的要求。熟悉发动机各工作状态的特点及应用对正确使用发动机具有重要意义。

在发动机的操纵过程中，用油门杆调节进气压力，用变距杆调节转速，确定了进气压力和转速后也就确定了发动机的状态，即可获得所需的功率，从而实现对发动机在起飞、爬升和巡航等阶段的功率设置。

复习思考题

1. 影响发动机有效功率的因素有哪些？是如何影响的？
2. 影响发动机燃油消耗率的因素有哪些？是如何影响的？
3. 什么是发动机的加速性？影响加速性的因素有哪些？
4. 什么是发动机的有效效率？其与燃油消耗率的关系如何？
5. 由热能转变成螺旋桨有效功的能量转换过程中主要有哪些能量损失？
6. 简述吸气式发动机的高度特性。
7. 简述涡轮增压式发动机的高度特性。
8. 简述全油门高度的含义。
9. 发动机综合性能曲线有哪些用途？
10. 发动机常见的工作状态有哪些？各有何特点？
11. 简要说明油门杆、变距杆和混合比杆的作用。

中英文对照表

绪论

航空发动机	aero-engine
航空动力装置	aircraft power-plant
航空活塞发动机	aircraft piston（reciprocating）engine
航空喷气发动机	aircraft jet engine
热机	heat engine
外燃机	external-combustion engine
内燃机	internal-combustion engine
教练机	trainer
初教机	primary trainer
螺旋桨	propeller
热能	thermal energy
机械功	mechanical work
重量功率比	weight-power ratio
发动机可靠性	engine reliability
发动机寿命	engine life
发动机维护	engine maintenance
发动机翻修	engine overhaul

第一章

工质	working fluid
理想气体	ideal gas
状态参数	state parameter
比容（比体积）	specific volume
表压	gauge pressure
真空度	vacuity
绝对压力	absolute press
摄氏温标	centigrade temperature scale
华氏温标	Fahrenheit temperature scale
开氏温标	Kelvin temperature scale

等容过程	equal volume process
等压过程	isobaring process
等温过程	isotherm process
绝热过程	adiabatic process
绝热系数	adiabatic coefficient
比热容	specific heat
稳定流动	steady flow
连续性	continuity
流量	flow mass
音速	velocity of sound
马赫数	mach number
亚音速	subsonic speed
跨音速	transonic speed
超音速	supersonic speed
超高音速	hypersonic speed
激波	shock wave
滞止参数	total parameter
总温	total temperature
总压	total pressure
音障	sonic barrier
热障	heat barrier
绝能	energy insulation
临界状态	critical state
收敛型管道	convergent duct
扩散型管道	divergent duct
拉瓦尔管	Laval duct
汽油	gasoline
煤油	kerosene
柴油	diesel
酒精	alcohol
完全燃烧	perfect combustion
不完全燃烧	imperfect combustion
余气系数	excess air coefficient
热值	calorific value
油气比	fuel-air ratio
富油混合气	rich mixture
全富油	full rich

贫油混合气	lean （weak）mixture
点燃	ignition
压燃	compression ignition
着火	inflammation
着火温度	temperature of inflammation
火焰前峰	flame front
火焰传播	flame propagation
熄火	flameout
层流	turbulent flow
紊流	laminar
涡流	vortex flow
贫油极限	lean limitation
富油极限	rich limitation
点火能量	spark-ignition energy
奥托循环	The OTTO cycle
压缩比	compression-ratio
热效率	thermal efficiency

第二章

汽化器式发动机	carburetor engine
直接喷射	direct-injection
气冷式发动机	air-cooled engine
液冷发动机	liquid-cooled engine
星型	radial type
水平对置型	opposed type
吸气式发动机	air-breathing engine
增压式发动机	supercharged engine
减速器	reduction gear
四行程发动机	four-stroke engine
两行程发动机	two-stroke engine
气缸	cylinder
气缸头	cylinder head
气缸身	cylinder barrel
散热片	cooling fin
活塞	piston
胀圈	ring

连杆	connecting rod
曲轴	crankshaft
曲臂	crank check
曲颈	Journal
配重	counterweight
曲拐机构	crank mechanism
气门机构	valve-operating mechanism
进气门	intake valve
排气门	exhaust valve
凸轮轴	camshaft
推杆	pushrod
摇臂	rocker arm
轴承	bearing
气门弹簧	valve spring
气门座	valve seat
气门杆	valve rod
气门头	valve head
曲轴机匣	crankcase
上死点	top dead center
下死点	bottom dead center
气缸工作容积	cylinder displacement
活塞行程	stroke
活塞内径	bore
进气行程	intake stroke
压缩行程	compression stroke
膨胀行程	power stroke
排气行程	exhaust stroke
点火次序	firing order
油门杆	throttle level
节气门	throttle valve
气门早开	valve lead
气门晚关	valve lag
流动损失	flow loss
充填量	charge
进气压力	manifold pressure（MAP）
气门同开	valve lap
热交换器	heat exchanger

残余废气	remainder of exhaust gas
正常燃烧	normal combustion
离解	dissociation
提前点火	advanced ignition
排气温度	exhaust gas temperature （EGT）
燃油消耗率	specific fuel consumption （SFC）
发动机过热	engine overheat
不正常燃烧	abnormal combustion
发动机工作不稳定	rough engine operation
过富油	over-rich（too rich）
过贫油	over-lean（too lean）
发动机振动	engine vibration
回火	backfire
积炭	carbon deposits
积铅	lead deposits
早燃	pre-ignition
爆震	detonation （knock）
爆震波	detonation wave
抗爆剂	antiknock additive
汽油牌号	grade of gasoline
辛烷值	octane number
级数	rating number
增压器/机械增压器	supercharger
离心式增压器	centrifugal supercharger
涡轮增压器	turbocharger
废气涡轮增压	exhaust turbocharging
混合增压	hybrid turbocharging
叶轮	impeller
扩压器	diffuser
收集器	collector
废气节气门	waste gate
中间冷却器	intercooler

第三章

附件系统	accessory system
燃油系统	fuel system

混合比杆	mixture control level
油箱	fuel tank
加油口	filler
通气孔	vent
油滤	fuel filter
燃油流量	fuel flow
燃油泵	fuel pump
燃油压力表	fuel pressure gauge
浮子室	float chamber
汽化器	carburetor
进气滤	inlet filter
文氏管	Venturi tube
喷油嘴	fuel nozzle
闪点	flash point
冰点	freezing point
气锁	vapor lock
滑油系统	oil system
润滑	lubrication
黏度	viscosity
泼溅润滑	splash lubrication
喷射润滑	spray lubrication
干机匣	dry-sump
湿机匣	wet-sump
收油池	sump
量油尺	dipstick
滑油散热器	oil cooler
回油泵	scavenge pump
散热系统	cooling system
散热片	cooling fin
导风板	baffle
整流罩	cowling
冷却风门	cooling cowl flap
鱼鳞板	cowl flap
气缸头温度	cylinder head temperature（CHT）
点火系统	ignition system
磁电机	magneto
点火线圈	ignition coil

分电器	distributor
断电器	breaker
振荡器	vibrator
起动线圈	booster coil
冲击联轴器	impulse coupling
电嘴	spark plug
发电机	generator
起动机	starter
空中起动	air start
发动机试车	engine test

第四章

螺旋桨变距	propeller pitch control
恒速螺旋桨	constant speed propeller
定距螺旋桨	fixed-pitch propeller
桨叶	blade
桨毂	hub
叶根	blade root
叶尖	blade tip
前缘	leading edge
后缘	rear edge
叶剖面	blade section
翼型	aerofoil
叶面	blade face
叶背	blade back
桨叶角	blade angle
弦线	chord line
旋转平面	plane of rotation
迎角	angle of attack
几何桨距	geometric pitch
有效桨距	effective pitch
滑流	slip
有效功率	Effective Horse Power（EHP）
制动马力	Brake Horse Power（BHP）
推进功率	thrust horse power
螺旋桨效率	propeller efficiency

大距	coarse pitch
小距	fine pitch
恒速装置（变距机构）	Constant Speed Unit（CSU）
小距限动	fine pitch stop
变距杆	propeller control level
分油活门	pilot valve
飞重	fly-weight
变距缸筒	pitch-changing cylinder
变距弹簧	pitch-changing spring
顺桨	feathering
反桨	reverse pitch
回桨	unfeathering
调速器	governor
转速表	tachometer
超转	overspeed
振动	vibration
风车状态	windmilling

第五章

功率损失	power loss
小时燃油消耗量	fuel consumption per hour
摩擦损失	friction loss
机械损失	mechanical loss
加速性	acceleration
剩余功率	excess power
有效效率	effective efficiency
废气涡轮	exhaust gas turbine
高度特性	altitude characteristics
全油门高度	full-throttle altitude
临界高度	critical altitude
额定高度	rated altitude
地面增压发动机	ground boosted engine
高空增压发动机	altitude supercharged engine
发动机状态	engine regime
起飞	takeoff
额定	rating

巡航	cruise
最大连续	maximum continuous
慢车	idle
最佳功率	best power
最佳经济	best economy
超压	overpressure
超转	over-speed
复飞	go-around

参考文献

［1］ 李卫东，赵廷渝. 航空活塞动力装置[M]. 成都：西南交通大学出版社，2004.

［2］ 唐庆如. 活塞发动机[M]. 北京：兵器工业出版社，2007.

［3］ 李汝辉，吴一黄. 活塞式航空动力装置[M]. 北京：北京航空航天大学出版社，2008.

［4］ 阎成鸿. Cessna172R 型飞机机型培训教程[M]. 北京：航空工业出版社，2008.

［5］ 郭为民. TB20/200 飞机飞行员训练教材（上、下）. 中国民航飞行学院讲义，1990.

［6］ 刘沛清. 空气螺旋桨理论及其应用[M]. 北京：北京航空航天大学出版社，2005.

［7］ CESSNA AIRCARFT. CESSNA 172R Maintenance Manual，Rev10，2005.

［8］ PIPER. Seminole PA-44-180. AIRPLANE MAINTENANCE MANUAL，2012.

［9］ Federal Aviation Administration.Aviation Maintenance Tehnician Handbook-Powerplant，Volume 1 and 2，2012.